William B. Scott

Beiträge zur Entwicklungsgeschichte der Petromyzonten

William B. Scott

Beiträge zur Entwicklungsgeschichte der Petromyzonten

ISBN/EAN: 9783743657670

Hergestellt in Europa, USA, Kanada, Australien, Japan

Cover: Foto ©berggeist007 / pixelio.de

Weitere Bücher finden Sie auf **www.hansebooks.com**

Beiträge zur Entwicklungsgeschichte

der

PETROMYZONTEN.

Inaugural - Dissertation

der philosophischen Facultät der Universität Heidelberg

behufs Erlangung der Doctorwürde

vorgelegt

von

W. B. Scott, B. A.

aus Princeton, U. S. A.

Mit fünf Tafeln.

Leipzig,

Wilhelm Engelmann.

1881.

Separat-Abdruck aus Morphol. Jahrbuch. VII. Bd.

Einleitung.

Diese Arbeit eröffnet eine Untersuchungsreihe über die Entwicklungsgeschichte der Petromyzonten. Hierzu war ich nicht nur durch die Wichtigkeit des Gegenstandes und die Unvollständigkeit der bis jetzt darüber bekannten Beobachtungen veranlasst, sondern auch durch die Gelegenheit, die das sehr reichliche, von dem verstorbenen Dr. ERNST CALBERLA gesammelte Material mir zur Disposition gab. Dieses Material besteht aus sehr vielen konservirten Larven und Embryonen und aus einer noch größeren Anzahl fertiger Schnittserien, Vorbereitungen zu einer von CALBERLA lange geplanten größeren Arbeit. Der frühzeitige Tod dieses der Wissenschaft viel versprechenden Mannes hatte die begonnene Arbeit unterbrochen, und nur in zwei kleineren Abhandlungen erkennen wir Andeutungen der reichen Ernte, welche in Aussicht stand. Ich habe mich bestrebt, das von CALBERLA Angefangene nach Kräften zu vervollständigen und es ist mir eine angenehme Pflicht zu gestehen, wie viel ich seinem Fleiße und seiner technischen Geschicklichkeit schuldig bin. Ich habe ferner die Pflicht, den großen auch inneren Werth seiner Arbeiten hier hervorzuheben, und obgleich ich auf den folgenden Seiten manchmal Anlass habe, von seiner Meinung abzuweichen, so sind diese Fälle doch fast immer von geringerer Bedeutung, während ich in der Regel seine Resultate nur bestätigen kann.

Dieses werthvolle Material erhielt ich durch die Freundlichkeit

1

des Herrn Prof. Gegenbaur, dem ich hier meinen herzlichsten Dank
aussprechen muss, nicht nur für diese von ihm gegebene Ermög-
lichung dieser Untersuchungen, sondern auch für seine fortwährende
Hilfe, seinen Rath und das stets rege Interesse, welches er für diese
Arbeit gezeigt hat.

Die Untersuchung der Entwicklungsgeschichte der Cyclostomen
war mein Wunsch, weil wir es hier mit einer der Stammform der
Wirbelthiere sehr nahe stehenden Abtheilung zu thun haben sollten; eine Meinung, welche ich theilte und in einer früheren Abhandlung[1] gleichfalls aussprach. Die gefundenen Resultate entsprachen
nicht ganz der gehegten Erwartung. Dennoch hoffe ich, dass die
Resultate dieser Untersuchungen sich der Aufmerksamkeit der Mor-
phologen nicht unwerth zeigen werden.

Vorliegende Abtheilung der Arbeit behandelt die e m b r y o n a l e
Entwicklung von P e t r o m y z o n P l a n e r i; d. h. die Entwicklung
innerhalb des Eies. Der Zweckmäßigkeit halber sind einige Organ-
systeme ausgelassen, theils weil die e m b r y o n a l e Geschichte derselben sehr unbedeutend ist, theils weil deren ausführliche Besprechung
diese Abtheilung zu weit ausgedehnt hätte.

Schließlich drücke ich an dieser Stelle den Herren Professoren
Balfour, Lankester und Götte für freundliche briefliche Mit-
theilungen über einige der hier besprochenen Fragen, und besonders
meinem Freunde Dr. Hans Gadow für seine unschätzbare Hilfe bei
dieser Arbeit in sprachlicher Beziehung meinen aufrichtigen Dank aus.

Erstes Kapitel.
Die Reifung des Eies.

Wegen Mangels an f r i s c h e m Untersuchungsmaterial sind meine
Beobachtungen über die Reifung des Eies nur lückenhaft. Sie waren aber doch ausreichend die Resultate anderer Forscher in demselben Gebiet in manchen Beziehungen zu bezweifeln. Als mir die
Schrift von Kupffer und Benecke[2] in die Hände kam, war zwar
meine Untersuchung beendet und ich hatte keine Gelegenheit die-

---

[1] Scott und Osborn. On some points in the Devel. of the Common Newt.
Quart. Journ. Microsc. Sc. 1879.

[2] Der Vorgang der Befruchtung am Eie der Neunaugen. Festschrift zur
Feier von Th. Schwann. Königsberg 1878.

selbe zu wiederholen. Dies war um so weniger nothwendig, als
alle meine positiven Resultate und auch meine Zweifel über die
Richtigkeit der Angaben Anderer von jenen Autoren bestätigt sind.
In Bezug auf andere Punkte, wo ich keine Beobachtungen gewinnen
konnte, weichen sie gleichfalls von ihren Vorgängern ab und hier
kann ich nur die widersprechenden Angaben anführen, ohne dieselben auf irgend eine Weise in Einklang bringen zu können.

Die die Befruchtung des Petromyzon-Eies bgleitenden Erscheinungen sind schon im Jahre 1864 von A. Müller[1] eingehend beschrieben worden: seine Beobachtungen sind in fast allen Beziehungen von Calberla[2] bestätigt, obgleich letzterer die von Müller
gegebenen Deutungen der Vorgänge als entschieden unrichtig betrachtet. Müller hat nur diejenigen Vorgänge untersucht, welche beim
Befruchtungsakt stattfinden, und obgleich diese Vorgänge zum Verstehen des eigentlichen Reifungsprocesses gerade sehr wichtig sind,
so müssen wir doch die Betrachtung dieses Processes bei einem
weit früheren Stadium anfangen.

Kurz zusammengefasst sind Calberla's Angaben über die Reifung folgende: Die Eier von Larven in Umwandlungsstadien Ende
Septembers zeigten einen hellen durchsichtigen, wenn auch etwas
getrübten Dotter: das Keimbläschen war deutlich zu erkennen und
lag nahe der Dotterperipherie. Eier von älteren Exemplaren zeigten,
außer der Zunahme an Größe, den Dotter schon sehr durch Körnchen getrübt. Das Keimbläschen lag in demselben, noch scharf
umgrenzt, ganz an der Peripherie. Noch später zeigten die Eier
eine Veränderung des Bläschens. Es hatte seine scharfen Contouren
so wie das Kernkörperchen eingebüßt, sein Protoplasma lag gewisser-
maßen in unregelmäßiger Form an der Peripherie. Bei vielen Eiern
war weder von einem Keimbläschen noch von Kerngebilden etwas
zu sehen, bei solchen fand sich nur ein heller Protoplasmatropfen
an einer gewissen Stelle der Eiperipherie. Dieses Verhalten zeigten
stets die größten Eier des Eierstockes. Bei einem am 9. December
getödteten Exemplar, welches als völlig ausgebildeter Petromyzon
gelten konnte, war in jenem hellen Protoplasmatropfen, dem Rest
des Keimbläschens, die Bildung eines neuen Kernes, des Eikernes,
deutlich zu erkennen. Es fällt also mit der Vollendung der Um-

[1] A. Müller, Über die Befruchtungserscheinungen im Ei der Neunaugen.
Verhandl. d. Königsberger phys.-ökonom. Gesellsch. 1864. pag. 109—119.

[2] E. Calberla, Der Befruchtungsvorgang beim Ei von Petromyzon Planeri. Zeitschr. f. w. Zoologie. Bd. XXX.

bildung der Larve in das Geschlechtsthier die Umwandlung des Keimbläschens in den Eikern (HERTWIG), wie ich dies schon vermuthet hatte, zusammen [1]. In dem Eierstock von einem $1\frac{1}{2}$ Monate vor der Laichzeit getödteten Exemplar ist der Eikern definitiv gebildet: er liegt in den meisten Fällen dicht an der Peripherie des Eies und besteht aus einem Haufen hellen Protoplasmas, welcher sich mit Karmin nur wenig oder gar nicht färbt. Die beiden Schichten der Eihaut sind schon angelegt und deutlich zu erkennen: sie sind als eine Abscheidung der äußersten Schicht des Dotters aufzufassen. Die Eier sind groß und dicht mit Dotterkörnchen gefüllt, während der Kern von solchen Körnchen durchaus frei ist. Er liegt in einer vom Dotter umgebenen Höhle von einer Schicht hellen Protoplasmas bedeckt. Bei manchen Eiern ist der Kern gegen das Centrum des Eies gerückt; bei günstigen Schnitten kann man eine vom Kern bis zur Oberfläche des Eies reichende Strecke helleren Protoplasmas sehen, die Anlage des »Spermaganges«, dessen äußeres Ende die »innere Mikropyle« bildet.

Das gelegte, unbefruchtete Ei ist ellipsoid und wird von einer zweischichtigen Haut umgeben: die Trennung beider Schichten ist nicht so scharf wie in dem vorhergehenden Stadium, während bei überreifen Eiern (d. h. Eiern, welche $1-1\frac{1}{2}$ Monate unbefruchtet in sehr kaltem Wasser aufbewahrt wurden) der Unterschied zwischen den Schichten verschwunden ist und die ganze Eihaut aus einer homogenen stark lichtbrechenden Schicht besteht. Der äußere Theil dieser Schicht beim reifen Ei ist dichter und dicker als der innere, oberflächlich rauh und mit allerlei Zacken besetzt, welche im Wasser aufquellen und das Ei mit einem durchsichtigen Hof umgeben. Eine Öffnung in der Eihaut, die »äußere Mikropyle«, führt zur »inneren Mikropyle« und dem »Spermagang«. Im unbefruchteten reifen Ei liegt die Eihaut dicht am Dotter, dessen Protoplasma eine große Menge Körnchen von verschiedener Größe besitzt. In manchen Theilen des Eies ist der Dotter körnchenfrei; eine dünne Schicht solchen Dotters bildet die Oberfläche. Reichlicher findet er sich an der inneren Öffnung der »Mikropyle«. Von derselben führt ein Strang helleren Protoplasmas als »Spermagang« zum »Eikern«, dessen Anlage im vorigen Stadium zu sehen war. Diese Verhältnisse betrachtet CALBERLA als für die Befruchtungsvorgänge sehr wichtig. Das körnchenfreie Protoplasma ist leichtflüssiger, beweglicher als das

[1] Loc. cit. pag. 10 Anmerkung. Ich citire vom Separatabdruck.

körnchenhaltige. «Ein Fremdkörper, der eine eigene Bewegungsfähigkeit besitzt und durch die äußere Mikropyle in den Eihaut-Eidotterraum eingedrungen ist, findet in dem die innere Mikropyle und den Spermagang ausfüllenden dotterkörnchenlosen Protoplasma den geringsten Widerstand, kann also ohne Hindernis zum Eikern gelangen.»

Die Vorgänge, durch welche der Eikern entsteht und die Beziehungen desselben zum Keimbläschen sind von AUG. MÜLLER nur theilweise berücksichtigt. Seine Angaben darüber sind mit denen über die Befruchtung zusammengefasst folgende: Die Eier von Petromyzon Planeri und fluviatilis sind einander sehr ähnlich, von fast gleicher Größe, und von ovaler Form. Auf dem spitzeren Ende, außerhalb der Eihaut, befindet sich ein klarer mondsichelförmiger Körper, die »Flocke«. Der Inhalt des Eies besteht aus dem dunklen Dotter, aus dem »Urbläschen« Eikern. CALBERLA), das dicht am spitzeren Pole liegt und oberhalb dessen eine Scheibe anders gearteter Substanz sich findet. Dieselbe hängt mit dem »Urbläschen« zusammen, und in ihrer Mitte findet sich ein dunkler Fleck. Nach Hinzutreten des Sperma entsteht am spitzen Ende zwischen Dotter und Eihaut ein Raum, in welchem ein heller Cylinder vom Pol der Eihaut zum Dotter sich erstreckt, mit der Vergrößerung des Raumes sich verlängert, Sanduhrform annimmt und dann durchreißt. Das periphere Ende bleibt als Kügelchen an der Eihaut haften, das centrale verschwindet in einer klaren Masse des Dotters, die sich gleich darauf oder schon vor dem Verschwinden des Cylinders aus dem Dotter erhebt, kugelig aufstrebt und dann sich wieder senkt, um entweder ganz im Dotter zu verschwinden oder eine Zeit lang noch in Zapfenform äußerlich sichtbar zu bleiben.

Die Zoospermien bevorzugen das spitze Eiende, dringen in die »Flocke«, und ordnen sich in der Substanz derselben nach den Radien des Eies an, wie Feilspäne um den abgerundeten Pol eines Magneten. Einige bohren sich in die äußere, auch in die innere Schicht der Eihaut, keines gelangt durch dieselbe ins Innere.

CALBERLA giebt Folgendes über den Befruchtungsvorgang an. Spermatozoen treten ins Innere des Eies nur durch die Mikropylen-Öffnung der Eihaut und ein einziger Samenfaden genügt das Ei zu befruchten. Nachdem das Spermatozoon durch die »äußere Mikropyle« gewandert ist, dringt es in das zwischen »beiden Mikropylen« reichlicher angehäufte, körnchenfreie Protoplasma ein. Sofort beginnt lateral der Mikropyle der Dotter sich von der Eihaut zu entfernen.

»Während erst der Dotter rings um die Mikropyle sich um ein Minimales zurückgezogen hatte, zieht sich jetzt der körnchenhaltige Dotter von der Mikropyle selbst zurück, und nun erscheint jene dort früher konstatirte körnchenfreie Protoplasmaschicht zu einem breiten Bande ausgezogen, welches von der inneren Öffnung der äußeren Mikropyle zur inneren Mikropyle geht.« Dieses Band bildet den Weg für das Spermatozoon und wird von CALBERLA »Leitband des Samens« genannt. Durch dasselbe tritt der Samenkopf und vielleicht auch ein Theil des Mittelstückes in die »innere Mikropyle und den Spermagang« ein. »Der Schwanz bleibt jedenfalls außerhalb des Eies, er verstopft die äußere Mikropyle und hindert somit den Eintritt eines weiteren Samenkörperchens.« Die Trennung zwischen Eihaut und Dotter bildet sich durch eine Ausdehnung der Eihaut. Die erste wenn auch minimale Kontraktion des Dotters beim Eintritt des Samenfadens entfernt das die Porenkanäle der Eihaut verklebende Protoplasma und gestattet den Eintritt von Wasser durch zahllose Kanäle, wodurch ein Aufquellen der Eihaut erfolgt. Mit der weiteren Entfernung der Eihaut reißt das »Leitband«; das äußere Ende bildet den an der Eihaut bleibenden »Randtropfen«, das innere den »Dottertropfen«. In der Regel wird dieser Tropfen gänzlich in den Dotter zurückgezogen, um später, durch einen Kontraktionsvorgang im Innern des Eies veranlasst, wieder hervorzutreten; später aber zieht sich der Tropfen gänzlich in den übrigen Dotter zurück.

Die Angaben von KUPFFER und BENECKE weichen in manchen Beziehungen sehr von denen CALBERLA's ab und stimmen vielmehr mit denen von A. MÜLLER. Die äußere Schicht der Eihaut enthält keine Fortsetzungen der Porenkanäle, welche die innere in großer Anzahl durchbohren. Die äußere Schicht quillt im Wasser etwas stärker auf, aber nicht gleichmäßig, sondern von Stelle zu Stelle zeigt sich eine seichte Einsenkung. Eine »hyaline Kuppel« »Flocke« MÜLLER's) findet sich am spitzen Ende des Eies, in welche die Zoospermien (viele zu einer Zeit eindringen und sich radiär anordnen. »In der That, Herr AUGUST MÜLLER trifft den richtigen Ausdruck für dieses Phänomen, wenn er dasselbe mit der Ordnung von Feilspänen um den Pol eines Magneten vergleicht.« Sobald Zoospermien in den Bereich der Kuppel gelangen, beginnt ein Zurückziehen des Dotters. »Wir finden, dass die Zurückziehung des Dotters nicht auf einer Kontaktwirkung, sondern auf einer Fernwirkung der radiär geordneten Zoospermien beruht.« In ähnlicher Weise wie von CALBERLA wird dann die Bildung von

Protoplasmafäden zwischen Eihaut und Dotter und von einem dicken »Achsenstang« beschrieben, welch' letzterem aber nicht die Bedeutung eines Leitbandes zukomme. Das bevorzugte Zoosperm dringt keineswegs stets auf dem Scheitelpunkte des Eies ein, sondern an den verschiedensten Punkten dieser Region, und zieht seinen Schwanztheil nach sich. Am unbefruchteten Ei haben sie keine Mikropyle auffinden können. Sie glauben jedoch »den Ausdruck Mikropyle« beibehalten zu dürfen und halten diese Bildung für das Residuum einer Öffnung in der inneren Eihautschicht. Die Mikropyle ist darnach keine offene Pforte. — wohl aber eine permeablere Stelle. Die Trennung zwischen Eihaut und Dotter wird ganz von einer Zurückziehung vom letzteren, nicht von einem Aufquellen der Haut veranlasst. Nach erfolgter Zurückziehung des Dotters findet sich in der Scheitelregion ausnahmslos ein Körper, der den Eindruck eines Kernes macht. Diesen Körper betrachten sie als Richtungskörper. Weder MÜLLER noch CALBERLA thun desselben Erwähnung. Er liegt immer etwas excentrisch und fällt nie mit der Mikropyle zusammen. Der »Achsenstrang« wird in den Dotter zurückgezogen und kurz nachher erhebt sich daselbst ein Zapfen hyalinen Protoplasmas, welcher in der Regel sich bis zur Eihaut erstreckt und dann sich allmählich zurückzieht. In dem von dem Zapfen durchsetzten Raum finden sich mehrere helle Blasen, welche theilweise von modificirtem Protoplasma der früher erwähnten Fäden, zum Theil auch von Spermaköpfen, welche in den Raum eindringen, herstammen. Der Zapfen verbindet sich stets mit solchen Blasen und seltener direkt mit unmodificirten Zoospermien. Diesem Vorgang messen genannte Autoren eine aktive Betheiligung an dem Befruchtungsakte zu. Bevor der Zapfen wieder in den Dotter verschwindet, entsteht in seinem Inneren ein kugeliger granulirter Körper, der schließlich, wenn der Zapfen wieder im Dotter versinkt, aus demselben ausgestoßen wird. Diesen Körper betrachten sie als einen zweiten Richtungskörper. Auch über die Beziehungen zwischen Keimbläschen und Eikern weichen KUPFFER und BENECKE, aus unten anzuführenden Gründen, von CALBERLA's Meinung ab.

Ich wende mich zu meinen eigenen, in diesem Theil sehr mangelhaften Beobachtungen. Diese betreffen zunächst den Richtungskörper, den ich sehr deutlich, sogar bei Eiern im Furchungsvorgang, erkannte. Der erste von KUPFFER und BENECKE beschriebene Richtungskörper hat stets eine excentrische Lage, der zweite vom Zapfen ausgestoßene liegt gerade am Scheitelpunkt. Nach seinem Verhalten zu den Theilungslinien bei dem Furchungsvorgang glaube ich, dass ich nur den zweiten Körper gesehen habe. Die Meinung CAL-BERLA's bezüglich der Umbildung des Keimbläschens kann ich nicht annehmen.

Bei 1½ Monat vor der Laichzeit getödteten Exemplaren (Taf. VII Fig. 1) sind die sehr zahlreichen Eier groß und durch gegenseitigen Druck einigermaßen polyedrisch geworden. Sie sind dicht mit Körnchen in regelmäßiger Anordnung gefüllt. An der Peripherie des Eies ist eine ziemlich breite Zone mit kleinen nicht so zahlreichen Körnchen, die in Linien so gestellt sind, dass sie körnchenfreie Räume einschließen (Taf. VII Fig. 1 A D). Innerhalb dieser Zone besteht der Dotter aus dicht gedrängten in Protoplasma eingebetteten gröberen Körnchen. Das von CALBERLA als Eikern im Sinne HERT-WIG's) betrachtete Gebilde liegt in den meisten Fällen dicht an der Peripherie des Eies (Taf. VII Fig. 1 — 1 K B), ist sehr groß und besteht aus einer Membran, klarem, sich nicht färbendem Kernsafte und einem mit Karmin sehr intensiv sich färbenden Nucleolus. Ein Kernfadennetz, wie es HERTWIG[1] für das Amphibien-Ei nachwies, ist bei konservirten Exemplaren mit Sicherheit nicht mehr nachzuweisen. Der Nucleolus beansprucht einige Aufmerksamkeit: ich habe nie mehr als einen solchen Körper in einem Ei gefunden: er ist stets auffallend groß (0.016 mm) und intensiv gefärbt: im Innern ist bei sehr starker Vergrößerung eine Anzahl dunklerer Fäden zu sehen, welche ein dem bekannten Fadennetz im Kern der Amphibienhautzellen ähnliches Bild darbieten. Ob dieselben wirklich ein solches Netz bilden, oder ob sie nur lange, vereinzelte Körnchen sind, lasse ich dahingestellt: es dünkt mir aber ersteres wahrscheinlicher. Das oben beschriebene Gebilde (Eikern CALBERLA's) liegt in einer Bucht des mit groben Körnern gefüllten Dotters, während oberhalb desselben d. h. gegen die Eioberfläche) ein Deckel hellen Protoplasmas sich findet (Deckel des Urbläschens A. MÜLLER's), welches isolirte Massen feiner Körnchen enthält. In keinem Fall vermochte ich die geringste Spur der von CALBERLA beschriebenen Anlage des »Spermaganges« aufzufinden.

Die zweischichtige Eihaut ist schon deutlich angelegt. Bezüglich des feineren Baues des Eierstockes weichen meine Beobachtungen

---

[1] O. HERTWIG, Beiträge z. Kenntnis der Bildung, Theilung und Befrucht. d. thier. Eies. Morphol. Jahrb. Bd. III Taf. IV Fig. 1.

9

von den CALBERLA'schen ab. Ich übergehe das hier, da ich ohnehin später darauf zurückkommen muss [1].

Bezüglich der speciellen Beanstandungen von CALBERLA's Angaben hebe ich die Verhältnisse der Kerne hervor. In dessen Fig. 19 E K. in der untersten Reihe, finden wir den Kern eines unreifen Eies 42 Mal vergrößert und von derselben absoluten Größe wie den Kern bei Fig. 8, welche ein reifes, 200 Mal vergrößertes Ei darstellt! Mit anderen Worten: der Kern des unreifen, kleineren Eies ist 5 Mal so groß wie der des reifen größeren Eies. Dieses Resultat könnte zufällig sein, aber meine mit besonderer Beziehung auf diese Verhältnisse gezeichneten Figuren 1, 2 und 3 (Taf. VII) ergeben für die Kerngebilde dieser unreifen Eier eine sehr merkwürdige Größe. Ferner zeigen diese Gebilde Merkmale, welche nicht nur

---

[1] Wenn die von CALBERLA gemachten Angaben über die Reifungsvorgänge des Eies richtig wären, würde Petromyzon darin Verhältnisse bieten, welche von allen bekannten Vertebraten abweichen und zwar in folgenden Punkten:

1) Kein Theil des Keimbläschens wird vom Ei ausgestoßen, während der größte Theil davon in den Eikern übergeht. Ob die Nucleoli eine besondere Rolle in der Bildung des Eikernes spielen, lässt er unentschieden.

2) Der Eikern ist ungemein groß, ist hell und besteht aus verschiedenartigen Theilen, wie schon oben ausführlich dargelegt wurde.

3) Der Unterschied an absoluter Größe zwischen dem Kerne des unreifen und dem des reifen Eies ist sehr auffallend und von dem Befund bei anderen Thieren überhaupt sehr abweichend.

4) Es ist höchst eigenthümlich, dass die Umwandlung des Keimbläschens in den definitiven Eikern so sehr lange vor der Laichzeit stattfinden sollte. Nach CALBERLA geht diese Umwandlung im December vor sich, d. h. fast ein halbes Jahr bevor die Eier gelegt werden. Dieser Zustand ist um so merkwürdiger da die Eier zu dieser Zeit ihr volles Wachsthum lange nicht erreicht haben.

5) Die Bildung eines Dottertropfens, welcher später gänzlich in den Dotter zurückgezogen wird, ist bis jetzt bei keinem anderen Thiere beobachtet worden.

Diese höchst merkwürdigen Abweichungen zwingen mich die Richtigkeit der betreffenden Beobachtungen über die Umbildung des Kernes zu bezweifeln, Zweifel, welche meine eigenen mangelhaften Beobachtungen, so weit sie gehen, unterstützen. Diese Beobachtungen CALBERLA's sind für die Theorie des Keimbläschens und der Neubildung des Kernes sehr bedeutungsvoll. Wenn sie richtig wären, würden sie entweder ein Schwanken dieser Vorgänge anzeigen oder Petromyzon 'und wahrscheinlich auch den anderen Cyclostomen' eine von allen anderen Vertebraten entfernte Stelle anweisen. Die erste der soeben erwähnten Hypothesen ist durch die Untersuchungen von HERTWIG u. v. A. fast gänzlich ausgeschlossen, also hat nur die zweite eine besprechenswerthe Möglichkeit.

sehr selten (wenn überhaupt) in Eikernen im Sinne Hertwig's vor-
kommen, sondern sie sind auch die von Hertwig[1] gegebenen
Merkmale des Keimbläschens. »Vor allen thierischen Zell-
kernen ist es (das Keimbläschen) stets durch relativ ansehnliche Größe
ausgezeichnet, stets setzt es sich aus verschiedenartigen Theilen zusammen, indem wir an ihm eine deutlich begrenzte Membran, einen mehr
oder minder flüssigen Inhalt, den Kernsaft, und in diesem einen oder
mehrere aus Kernsubstanz bestehende Körper, die Nucleoli unterscheiden können.« Wenn wir die betreffenden Gebilde der unreifen
Petromyzon-Eier mit dem Keimbläschen des Frosch-Eies von
Hertwig, loc. cit. Taf. IV Fig. 6 und 7) entsprechenden Stadien
vergleichen, so sehen wir, dass erstere in Bezug auf die Größe des
Eies ansehnlich kleiner sind. Hertwig hebt beim Frosch die aus-
nehmende Größe des Bläschens hervor und sehr häufig vorkommende
Variationen in der Größe des Bläschens bei den verschiedenen
Thieren. Die Vergleichung dieser Gebilde mit dem definitiven
Eikern des Frosches lehrt aber sofort, dass dieselben fast 4
Mal so groß wie die Frosch-Eikerne sind. Man mag auch in
dieser Beziehung Calberla's Fig. 19 mit seinen Figuren 3, 4, 7,
8 u. 11 vergleichen, kurz, abgesehen von der etwas geringeren re-
lativen Größe und dem Vorhandensein eines einzigen Nucleolus, ist
das betreffende Gebilde des Petromyzon-Eies von dem Keimbläschen
des Frosch-Eies nicht zu unterscheiden. Fassen wir all Dieses zusammen, so muss ich annehmen, dass jene Kerngebilde der unreifen
Eier von Petromyzon wirkliche Keimbläschen und nicht Eikerne
sind.

Schroff dieser Ansicht gegenüber stehen die oben schon citirten
Beobachtungen Calberla's über die bei der Metamorphose der Larve
stattfindenden Umwandlungsvorgänge des Keimbläschens. Diese scheinen mir ungenügend und auch nicht recht klar. Ich mache keinen
Versuch sie zu deuten; meine Absicht ist, nur zweifellose mit der
Calberla'schen Ansicht unvereinbare Thatsachen anzuführen. In
Folge dessen erlaube ich mir die Vermuthung auszusprechen, dass
im Wesentlichen die Umwandlung des Keimbläschens in den Eikern
bei Petromyzon mit dem gleichen Vorgang beim Frosch übereinstimme und zu entsprechender Zeit stattfinde.

Diese Besprechung der Angaben Calberla's über die Reifung war
niedergeschrieben, bevor ich von der Schrift Kupffer's und Benecke's

[1] Hertwig, loc. cit. pag. 78.

Kenntnis erhalten hatte. Die Angaben dieser Autoren [1] finden dadurch eine Bestätigung.

Zweites Kapitel.

Die Furchung und Bildung der Keimblätter.

Der Furchungsvorgang ist von drei Forschern untersucht worden. welche darüber zu zwei verschiedenen Meinungen gelangten. Die erste ist von MAX SCHULTZE [2] und OWSJANNIKOW [3], die zweite von CALBERLA vertreten. SCHULTZE behauptet, dass die Furchung eine totale sei und ganz in ähnlicher Weise wie beim Frosch-Ei verlaufe. In der sechsten Stunde nach Ausführung der künstlichen Befruchtung entstehe ein Einschnitt, welcher die obere Eihälfte genau halbire, nach einiger Zeit sich langsam auch über die untere Hälfte verbreite.

---

[1] In jener Schrift heißt es: »CALBERLA stellt auf Grund recht unsicherer Anhaltspunkte die Behauptung hin, der ursprüngliche Kern des Eies, das Keimbläschen, verschwinde schon um die Zeit der Metamorphose des Querders; der Kern, der sich an den Eiern des ausgebildeten Neunauges finde, sei ein neuentstandener und demnach der Eikern im Sinne von O. HERTWIG. Aber diese Auffassung verliert allen Boden durch den von uns geführten Nachweis, dass am Beginne des Befruchtungsaktes ein Richtungskörper eliminirt wird, den CALBERLA übersehen hat. Darnach wird es wahrscheinlich, dass das Keimbläschen erst zu diesem Zeitpunkte verschwinde. Schnitte, die wir durch gehärtete Eier ausführten, zeigten uns Verhältnisse, die diese Wahrscheinlichkeit bedeutend erhöhten. Wir fanden an Eiern, die legereifen Weibchen von Petromyzon fluviatilis entnommen waren, stets einen großen, abgeplattet linsenförmigen Kern nahe dem aktiven Pol in der oberflächlichen Schicht durchscheinenden Protoplasmas; die Längsachse dieses Kernes misst bis 0,08 mm. Der Kern entsprach nach Aussehen, Gestalt und Lagerung durchweg dem bekannten Keimbläschen in der Keimscheibe des Vogeleies. Er ist relativ kleiner als derjenige im reifen Batrachier-Ei, den O. HERTWIG neuerdings noch getreu geschildert und abgebildet hat, aber, abgesehen von der Größe, auch diesem vergleichbar; dagegen nicht übereinstimmend mit dem runden, bedeutend kleinern und tiefer gelegenen Gebilde, das CALBERLA auf Taf. XXVII Fig. 3 und 4 El darstellt und als Kern des reifen Eies von Petromyzon Planeri angesehen wissen will.«

Diese übereinstimmenden Beobachtungen und Ansichten scheinen mir die Frage der Reifung ziemlich befriedigend zu beantworten.

[2] MAX SCHULTZE, Die Entwicklungsgeschichte von Petromyzon Planeri Haarlem 1856.

[3] OWSJANNIKOW, Die Entwickl. von Petromyzon fluv. Bulletin de l Acad. de Science de St. Pétersbourg T. XIV. 1870. pag. 325.

und so das ganze Ei in zwei Furchungskugeln theile. Zwei und
eine halbe Stunde nach dem Auftreten der ersten Furchungslinie
zeigten sich Anfänge einer zweiten, zunächst ebenfalls die obere Eihälfte ausschließlich treffenden Furche, welche die erste rechtwinklig schneide: später verbreite sich die zweite Furche auch über die
untere Eihälfte und theile jedes der ersten Segmente wieder in zwei.
Diese ersten Furchungslinien haben eine meridionale Richtung
bei natürlicher Stellung des Eies, während die dritte äquatorial
sei, wodurch das Ei in eine obere und eine untere Hälfte geschieden werde. Die folgenden Furchungslinien treten immer zunächst
in der oberen Eihälfte auf und wiederholen sich erst langsam nach-
folgend in der unteren. Die weiteren Theilungen sind unregelmäßiger und bald gewinnt die obere Eihälfte vor der unteren einen sehr
bedeutenden Vorsprung und fängt an durch lebhafte Zellvermehrung
über die untere sich auszudehnen. Im Centrum des Eies bildet sich
die Furchungshöhle, deren Decke zunächst aus einer einfachen Reihe
Zellen besteht, später wird dieselbe von drei bis vier Zellenlagen
gebildet. Die Höhle ist groß und liegt eigentlich nur in der oberen
Hälfte des Eies. Schultze beschreibt ferner die Vorgänge der Einstülpung des Blastoderms, Bildung der Urdarmhöhle u. s. w., welche
ganz wie beim Frosch vor sich gehen.

Owsjannikow giebt eine ähnliche Beschreibung der Furchung.
aber nach ihm findet die erste Theilung innerhalb vier Stunden statt.
Bezüglich der Bildung der Furchungs- und Urdarmhöhle u. s. w.
weicht er nicht von Schultze's Angaben ab. Calberla[1] hingegen
beschreibt einen Furchungsvorgang, welcher einigermaßen von dem
der anderen genannten Forscher abweicht. Eine interessante, erst
vom ihm[2] angeführte Thatsache betrifft die Bildung der ersten
Furche. Die runde »Mikropylenöffnung« geht innerhalb vier Stunden
nach der Befruchtung in eine ovale über und dann verengt sie sich allmählich von den Seiten her, zieht sich dafür in die Länge aus und wird
also spaltförmig. Etwa 7—8 Stunden nach der Befruchtung ist die
spaltförmige Mikropylenöffnung deutlich zur Anlage der ersten Furche
geworden. Ob auch die zweite Meridionalfurche den Ort, wo früher
die innere Mikropyle war, durchschneide, war ihm nicht möglich zu
entscheiden. Man bemerke hier die Verschiedenheit in den Zeitan-
gaben der einzelnen Forscher. Solche Unterschiede kommen oft auch

---

[1] Morphol. Jahrbuch. Bd. III. pag. 216.
[2] Zeitschr. für wissensch. Zoologie. Bd. XXX.

in den späteren Stadien vor. Sie sind durch die Annahme zu erklären, dass die Temperatur des Wassers, in welchem die Eier ihre Entwicklungsstufen durchliefen, verschieden war, wie der Einfluss der Temperatur auf die Entwicklung ja ein längst bekannter ist. Für Petromyzon giebt es auch CALBERLA an. CALBERLA's weitere Angaben über die Furchung sind folgende. Schon bei der Vollendung der ersten Theilung kann man beobachten, dass die Produkte dieses Vorganges keine gleichwerthigen Elemente sind. »Die erste Theilung liefert nämlich eine größere und eine kleinere Furchungskugel. Die kleine und deren Theilungsprodukte furchen sich im weiteren Verlauf stets rascher als die große und deren Abkömmlinge. Bis etwa zur sechzehnten Theilung sind die Größedifferenzen gering und nur bei sorgfältiger Beobachtung zu erkennen. Bald aber überwiegen, entsprechend ihrer rascher erfolgenden Theilung, die kleinen Furchungskugeln die größeren an Zahl und beginnen das Ei resp. die größeren Furchungselemente zu umwachsen. Schnitte durch Eier solcher Stadien zeigen nahe der Seite des Eies, die von den kleinen Furchungselementen gebildet wird, die Existenz einer Höhle, die ich die primäre Keimhöhle nenne. Dieselbe ist nach außen durch eine einfache Schicht der kleinen Furchungskugeln abgegrenzt.«

Das Umwachsenwerden der großen Furchungskugeln durch die kleinen verläuft nicht überall gleichmäßig: auf einem Meridian schreitet der Vorgang langsamer fort und sistirt, sobald die kleinen Furchungselemente die großen bis über zwei Drittel der gesammten Ei-Oberfläche umwachsen haben. Hier bildet sich eine Fläche, welche zu der Zeit, in der das gesammte Ei durch die kleinen Kugeln umwachsen ist, sich vertieft. Die so gebildete Grube ist die Urdarmhöhle, die im weiteren Verlauf der Entwicklung zum Lumen des Darmrohres wird: die Öffnung der Grube nach außen ist der Ruseonische After, welcher sich später zum bleibenden After umbildet.

Bei diesen Angaben scheint CALBERLA nicht bemerkt zu haben, dass seine Resultate in einer sehr wichtigen Beziehung bedeutend von denen SCHULTZE's abweichen. Er behauptet ausdrücklich, dass die erste Theilung zwei Kugeln von verschiedener Größe liefert, von denen eine sich rascher als die andere theilt und das Ektoderm bilde, während aus der größeren, sich langsamer theilenden Kugel das Entoderm entstehe. Die früheste Unterscheidung der beiden Keimblätter ist eine Anhäufung des Ektoderms am oberen Pole, des Entoderms am unteren; in Folge dessen muss die erste Theilung nach CALBERLA eine äquatoriale sein, während nach SCHULTZE die äquatoriale Furche die dritte ist. Wenn CALBERLA dieses nicht meint, so muss er doch glauben, dass bei Petromyzon die Verhältnisse der Keimblätter zu den Eipolen wie bei dem Säugethierei sich darstellen. Wenn wir annehmen, dass die Richtungskörper immer den oberen Eipol bestimmen, dann sind bei den Säugethieren die ekto- und entodermalen Gegenden des Eies nicht mehr oben und unten sondern rechts und links. Dass dieses bei Petromyzon nicht der Fall ist, kann ich mit voller Sicherheit behaupten.

Wäre die CALBERLA'sche Angabe richtig, so bestände bei Petromyzon eine merkwürdige Abweichung von anderen Vertebraten. Bei Amphioxus, beim Frosch, Triton und Sterlet sind die beiden ersten Theilungen meridional und erst die dritte ist äquatorial, während bei Petromyzon diese Regel umgekehrt sein soll.

Leider habe ich keine Gelegenheit gehabt, die Furchungsvorgänge bei frischen Eiern zu untersuchen und meine eigenen Beobachtungen sind nur an konservirten Eiern angestellt. In diesem Fall kann man sich leicht durch Kunstprodukte täuschen lassen. Diese Möglichkeit habe ich immer festgehalten und mich bestrebt immer viele übereinstimmende regelmäßige und symmetrische Exemplare aufzufinden, um jeden Punkt möglichst sicher zu stellen.

In vielen Fällen finde ich, dass, wie CALBERLA angiebt, die erste Theilung zwei ungleiche Kugeln liefert, aber dieses scheint nicht konstant zu sein. SCHULTZE hat gezeigt, dass die beiden Furchungssegmente gleich nach der vollkommenen Trennung weit aus einander klaffen und erst später zusammenrücken, so dass die einander zugekehrten Seiten abgeplattet werden, eine Erscheinung, welche bei der Furchung überhaupt sehr bekannt ist. Durch diesen Druck kann ungleiche Größe verursacht werden und SCHULTZE's Taf. I Fig. 5 stellt auch ein solches Verhalten dar.

Die zweite Furchungslinie kreuzt die erste rechtwinklig. In einer Anzahl von Fällen habe ich drei Segmente gefunden, die wohl durch die raschere Verbreitung der zweiten Furche in einem der erst gebildeten Segmente als in dem anderen entstanden. Eine Andeutung dieser Asymmetrie ist auch in SCHULTZE's Fig. 6 zu sehen, obgleich ich solch ausgeprägte Asymmetrie als einigermaßen abnorm betrachten möchte. Weitaus häufiger ist der Fall, dass auch die zweite Theilung symmetrisch oder nur wenig asymmetrisch vor sich geht und vier längliche Segmente liefert (Taf. VII Fig. 6). Schultze's Fig. 8 giebt ein Stadium, von welchem ich sehr viele Exemplare aufgefunden habe, nur mit der Ausnahme, dass der kleine problematische Körper (Richtungskörper) am oberen Eipole zu sehen ist. Meine Beobachtungen stimmen also genau mit denen Schultze's überein, indem auch ich die beiden ersten Furchen meridional, und in Folge dessen das Ektoderm vom Entoderm resp. die diese repräsentirenden ersten Elemente noch keineswegs geschieden finde. Durch die dritte Furche ist aber die Unterscheidung ausführbar; diese Furche entspricht der äquatorialen des Amphioxus-Eies, ist aber dem oberen Eipole näher gerückt. Die Veränderung der Lage dieser Linie beruht wohl auf der vermehrten Quantität der Nahrungsdotterelemente. Bei Petromyzon, dessen Nahrungsdotter nicht so reichlich wie beim Frosch, Triton u. A. vorhanden ist, liegt diese Furche näher der Mitte des Eies. bietet also eine primitivere Lage. Eine Vergleichung von Schultze's Taf. I Fig. 9 mit Götte's Taf. II Fig. 25 zeigt dieses mit großer Klarheit. Durch diese äquatoriale Furche wird das Ei in 8 Segmente getheilt, von denen die oberen 4 kleiner als die 4 unteren sind (Taf. VII Fig. 7). Jetzt sieht man die ansehnlich gewordene Furchungshöhle (Keimhöhle). Jede der acht Kugeln hat zweierlei Dotterelemente, größere und kleinere: letztere bilden eine dünne Schicht in der Umgebung der Keimhöhle, die gröberen, reichlicher vorhandenen Elemente liegen außerhalb dieser Schicht. Dagegen ist die äußere dünne Schicht körnchenfreien Protoplasma's schon in früheren Stadien nicht mehr zu sehen.

Die späteren Furchungslinien habe ich nicht mit solcher Sorgfalt verfolgt, da meine Absicht war, womöglich die Frage der ersten drei Furchen zu entscheiden. Demnach finden also die Furchungsvorgänge bei Petromyzon ganz wie beim Frosch statt, die beiden ersten Theilungen sind meridional, während erst die dritte äquatorial ist. Die Unterscheidung der Furchungselemente ist aber nicht mit der ersten, sondern mit der dritten wahrzunehmen. Dadurch kommt Petromyzon in Einklang mit den anderen niederen, holoblastische Eier erzeugenden Vertebraten. Obgleich die Eier von Triton weit mehr Nahrungsmaterial als jene von Petromyzon besitzen, so sind beide doch auf denselben Typus zurückführbar. Ein Unterschied besteht nur darin, dass die Vermehrung des Nahrungsdotters die äquatoriale Furche dem oberen Eipole näher gebracht hat. Am Selachier-Ei ist derselbe Vorgang noch weiter fortgeschritten, aber die Verschiedenheit immer aus demselben Princip erklärbar. In diesem Ei, dessen Nahrungsmaterial bekanntlich enorm vermehrt ist, sind aber die ersten beiden Furchen meridional und kreuzen sich am oberen Eipole rechtwinklig. In der Gegend, welche die Nahrungsdotterelemente enthält, geht die Theilung so langsam vor sich, dass sie nie eine Trennung zu Stande bringt, während die äquatorialen Furchen so weit nach oben gerückt sind, dass das Blastoderm eine kleine Scheibe an der oberen Seite des Eies bildet. Dasselbe gilt für die Eier der Knochenfische und der Sauropsiden. All diese Typen der partiellen Furchung lassen sich von dem angeführten Typus der totalen Furchung durch die allmähliche Vermehrung des Nahrungsdotters ableiten.

Die Furchungshöhle bietet einige wichtige Verhältnisse. Zunächst ist ihre große Ausdehnung beachtenswerth. Diese ist weit ausgeprägter als bei irgend einem der asymmetrischen holoblastischen Eier und liegt eigentlich nur in der oberen Hälfte des Eies. Über die Höhle spannt sich eine dünne Decke, welche nach SCHULTZE erst einschichtig aber am Ende der Furchung mehrschichtig ist (3—4 Reihen, während nach CALBERLA diese Decke aus einer einfachen Zellschicht besteht, ein Widerspruch, welcher nicht so schroff ist wie er aussieht.

Gerade zur Zeit der Beendigung des Furchungsprocesses ist die Höhle am größten, aber wenn die Einstülpung des Blastoderms stattfindet, ist die Höhle kleiner geworden Taf. VIII Fig. 9 u. 10 FH) und die Decke ist fast in ihrer ganzen Ausdehnung einschichtig. An den Seiten bleibt jedoch eine Anhäufung der Zellen, welche in manchen Exemplaren ziemlich weit empor rücken. Wie wir später sehen werden, ist das Ektoderm von Petromyzon während des ganzen Larvenlebens durch eine einzige Zellenschicht gebildet. also ist die Furchungshöhle zu dieser Zeit von Zellen bedeckt, welche nicht zum späteren Ektoderm sondern zu Meso- oder Entoderm werden[1]. Um diese Thatsache verständlich zu machen, werden wir die Verhältnisse bei anderen Gruppen überblicken.

[1] Es ist überhaupt sehr schwierig zu sagen, zu welcher Zeit man bestimmte Zellen als zu den verschiedenen Keimblättern gehörig betrachten darf. Ich kann es nicht gerechtfertigt finden die kleineren Elemente bei den holoblastischen Eiern von Anfang an als ektodermal zu bezeichnen, da einige derselben Entoderm- und Mesodermzellen bilden. Ich werde also, der Zweckmäßigkeit halber, die Keimblätter des Petromyzon-Eies erst nach der Vollendung des Einstülpungsvorganges als differenzirt betrachten. Dass aber eine gewisse Unterscheidung der Keimblätter schon bei der Furchung stattfindet, ist damit keineswegs ausgeschlossen.

Bei den meisten holoblastischen Eiern (von den Säugethieren abgesehen) ist die Furchungshöhle nur von Zellen bedeckt, welche zum Ektoderm werden, bei den Selachiern hingegen auch von Zellen des primitiven Entoderm (lower layer cells). Ihr zuerst aus denselben Zellen bestehender Boden verschwindet, so dass die Höhle auf dem Dotter liegt. Bei den Knochenfischen erscheinen zwei Höhlen, von welchen die eine in dem Keim, die andere unter demselben erscheint. LEREBOULLET will beide identificiren, OELLACHER [1] hingegen leugnet irgend einen Zusammenhang zwischen ihnen und nennt die Höhle im Keim die Furchungs-, die andere die Keimhöhle. Der Zustand bei den Selachiern aber macht es wahrscheinlich, dass beide einen Zusammenhang haben. Jedenfalls entspricht die von BALFOUR für die Selachier aufgeführte Furchungshöhle der Keimhöhle OELLACHER's und als solche werden wir dieselbe betrachten. Bei ihrer ersten Erscheinung liegt sie unter dem Blastoderm und hat eine Decke aus mehrfachen Zellschichten, die eine fortwährende Verdünnung erleidet, bis sie endlich nur vom Ektoderm gebildet wird. Dieser Vorgang ist dem für Petromyzon erwähnten nicht unähnlich. Unter den holoblastischen Eiern hat die Furchungshöhle des Frosch-Eies eine mehrschichtige Decke, welche aber der Beschaffenheit des Ektoderms entspricht.

Die ursprüngliche Lage der Furchungshöhle ist central mit gleichmäßiger einschichtiger Wandung. Das Vorhandensein von Nahrungsdotter verursacht eine Verschiebung der Höhle und eine excentrische Lagerung. Bei den Selachiern liegt die Höhle tief im, und später auch unter dem Blastoderm, so dass die Decke aus mehreren Zellenreihen besteht, obgleich das Ektoderm einschichtig ist. Diese Abweichung von den Amphibien erklärt BALFOUR durch die allmähliche Vergrößerung der Quantität des Nahrungsdotters, welche die unteren Zellen einigermaßen aufwärts geschoben haben. Wie kann aber dieses für Petromyzon gelten, da gerade hier, wo die Quantität des Nahrungsdotters am geringsten ist, die Einrichtungen der Furchungshöhle denen ähnlich sind, welche bei den mit der größten Quantität des Dotters versehenen Selachier-Eiern zutreffend sind?

Die Beschaffenheit der Dicke der Furchungshöhle bei Petromyzon kann nach einer von zwei Hypothesen erklärt werden. Ent-

---

[1] OELLACHER, Beitr. zur Entw. der Knochenfische. Zeitschr. für w. Zool. Bd. XXIII.

weder, dass hier eine Andeutung eines ursprünglich zweischichtigen
Ektoderms zu sehen ist, oder dass das Volum des Eies früher
größer war. In einer früheren Abhandlung [1] habe ich Gründe angeführt, aus welchen wir glaubten, dass der ursprüngliche Zustand
des Ektoderms einschichtig wäre. Es ist also nicht nöthig die allge-
meine Frage hier zu behandeln, übrig bleibt aber zu fragen in wie
weit der Befund bei Petromyzon einen früheren zweischichtigen
Zustand des Ektoderms andeute. Knochenfische und Anuren sind
die einzigen bis jetzt bekannten Gruppen, welche ein mehrschichtiges
Ektoderm von vorn herein besitzen; bei den Knochenfischen ist die
Höhle zuerst von Zellen bedeckt, welche später entodermal werden,
bei den Batrachiern hingegen ist die Höhle nur von Zellen bedeckt,
welche ektodermal werden. Bei den Selachiern, deren Ektoderm
in früheren Stadien einschichtig ist, hat die Höhle eine theilweise
aus Entodermzellen bestehende Decke. Dieser Zustand der Decke
der Höhle ist also unabhängig von der Beschaffenheit des Ektoderms.
Ferner bei Petromyzon werden diese die innere Lage der Keim-
höhlendecke bildenden Zellen nicht zum Ektoderm, sondern zum Mesoderm und theilweise auch zum Entoderm. Man könnte also annehmen, dass dies eine ektodermale Entstehung des Mesoderms andeute,
weil die Mesodermzellen theilweise von den kleineren Furchungskugeln entstanden sind. Aber es ist unrichtig die Keimblätter zu
dieser Zeit als differenzirt zu betrachten, weil solches erst mit der
Einstülpung zu Stande kommt. Folglich bleibt uns nur die zweite
Hypothese, jene der Volumsverminderung des Eies, auf welche ich
später zurückkomme.

Bildung der Keimblätter. In der vorhergehenden Abtheilung haben wir das Ei in einem der Morula entsprechenden Stadium betrachtet: jetzt folgt die Bildung der Gastrula. Dieser
Vorgang ist auch von SCHULTZE und CALBERLA im Großen und Ganzen genau beschrieben worden.

Wir haben gesehen, dass die kleineren Furchungselemente allmählich über die größeren wachsen, ein Process, welcher nicht
überall gleichmäßig stattfindet. Auf einem Punkt sistirt er ziemlich
bald und hier bildet sich eine seichte Einsenkung (Taf. VIII Fig. 9a
und 9b Bp). Diese bildet sich, wie beide genannte Forscher ange-
geben, bevor die kleineren Segmente in den anderen Meridianen um
das ganze Ei gewachsen sind. Die Einsenkung vertieft sich fort-

---

[1] SCOTT und OSBORN loc. cit.

während aber langsam und durch diese Vertiefung wird die große Furchungshöhle allmählich verdrängt (s. Taf. VIII Fig. 9 u. 10'. Beim Anfang der Einstülpung ist aber eine Veränderung in der Beschaffenheit der Furchungshöhle zu bemerken, deren Bedeutung mir nicht vollkommen klar ist. Am Ende des Furchungsvorganges besteht, wie schon betont, die Furchungshöhlendecke aus mehreren (3—4) Zellschichten Taf. VIII Fig. 8': jetzt aber wird diese Decke zum größten Theil aus einer einzigen Zellenschicht (Taf. VIII Fig. 9a gebildet und nur an den unteren Seiten der Höhle sind noch Reste der früher vorhandenen zweiten und dritten Reihe zu sehen. Gerade wie diese Veränderung vor sich gegangen ist kann ich nicht mit voller Bestimmtheit angeben, wahrscheinlich aber besteht die Veränderung darin, dass die betreffenden Zellen einfach nach unten wandern. Die auf Taf. VIII dargestellten Figuren 9a—9d zeigen mit voller Klarheit, dass die oben beschriebene Vertiefung der Grube ein wirklicher Einstülpungsvorgang ist, welcher nicht wesentlich von der beim Frosch, Sterlet, oder Triton stattfindenden Einstülpung abweicht, da aber die Quantität des Nahrungsdotters beim Petromyzonten-Ei eine verhältnismäßig geringe ist, so wird die Einstülpung viel tiefer im Vergleich zur Größe des Eies als bei den mit reichlicherem Nahrungsmaterial versehenen Eiern der eben genannten Formen (s. Taf. VIII Fig. 10b). Wie bei allen mit viel Dotter gefüllten Eiern findet die Einstülpung nicht gleichmäßig in Bezug auf die oberen und unteren Eihälften statt, sondern sie betrifft fast ausschließlich die dorsale Hälfte. Eine Andeutung einer ventralen Einstülpung Taf. VIII Fig. 9c, z, ist zwar vorhanden, aber nicht in solchem Grade wie beim Frosch oder bei Acipenser. Schultze scheint dieselbe nicht bemerkt zu haben. Nach Abschluss dieser Einstülpung haben wir die fertige Gastrula.

Die Gastrula wird also bei Petromyzon auf eine dem beim Frosch stattfindenden Vorgang sehr ähnliche Weise gebildet, und zwar durch zwei verschiedene Processe: 1 Eine wirkliche Einstülpung, welche nicht central ist (wie bei Amphioxus), sondern durch die große Anhäufung von Nahrungsmaterial aufwärts geschoben ist und nur die dorsale Eihälfte betrifft. (Die spurenweise angedeutete ventrale Einbuchtung Taf. VIII Fig. 9c, x) ist hier nicht in Betracht gezogen. 2, Die schon erwähnte Umwachsung der kleineren Elemente über die größeren. Die so gebildete Gastrula bietet aber Eigenthümlichkeiten dar, welche unsere Aufmerksamkeit beanspruchen. Wie oben erwähnt, wird die große Furchungshöhle durch die Einstül-

2*

pung gänzlich verdrängt, und an ihrer Stelle findet sich die lange
schmale Urdarmhöhle, welche selbstverständlich durch die Ein-
stülpung gebildet wird Taf. VIII Fig. 9a und 10a UD). Mit dem
Abschluss des Einstülpungsvorganges erscheint am Vorderende des
Embryo und dicht unter dem blinden Ende der Urdarmhöhle eine
seichte Einsenkung des Ektoderms, welche die erste Andeutung der
Abschnürung des Kopfes vom Blastoderm hervorruft Taf. VIII
Fig. 10b KL). Die Bildung des Kopfes ist also der früheste in
der fertigen Gastrula stattfindende Vorgang. Spätere Stadien dieser
Abschnürung kann man sehr gut in SCHULTZE's Taf. IV Fig. 8 u. 9
dargestellt sehen.

Die Keimblätter der oberen Eihälfte sind durch Invagination
gebildet; in Folge dessen schreitet ihre Bildung von hinten nach
vorn fort. In der dorsalen Mittellinie entstehen nur zwei Schichten, das Ektoderm und das Entoderm, welche hier dicht an einander liegen (Taf. VIII Fig. 11b, 12, 13 En). Die Breite dieser Gegend, in welcher nur Ekto- und Entoderm vorhanden sind, gleicht
ungefähr der des später erscheinenden Medullarrohres. Zu beiden
Seiten dieser Gegend sind jedoch große, unregelmäßige Anhäufungen
von Zellen zwischen Ektoderm und Entoderm eingeschaltet Taf. VIII
Fig. 11b, 12 und 13 M. Diese Zellen bilden das Mesoderm, welches also gleichzeitig mit den anderen Keimblättern und durch denselben Einstülpungsvorgang entsteht. Hier sei aber gleich erwähnt,
dass nur ein Theil des Mesoderms, der dorsale, freilich bei Weitem
der größte Theil, in der eben beschriebenen Weise entsteht; der ventrale Abschnitt des Rumpfmesoderms wird durch einen ganz verschiedenen Vorgang gebildet, worauf wir bald zurückkommen. Diese
beiden von einander unabhängigen Massen des dorsalen Mesoderms
haben eine viel größere laterale Verbreitung als das eingestülpte
Entoderm, und liegen zum größten Theil unmittelbar auf den Dotterzellen, welche wir auch, aus später anzuführenden Gründen, als
entodermal betrachten müssen. Es ist besonders hervorzuheben, dass
das Mesoderm in der dorsalen Gegend des Embryo in jenem Verhalten (s. Taf. VIII Fig. 11b, 12, 13 etc.) ganz wie bei Triton und
den Selachiern gebildet wird. Für die richtige Auffassung dieser
Vorgänge muss festgehalten werden, dass in dieser Gegend alle drei
Keimblätter gleichzeitig und durch einen und denselben Vorgang
entstehen. Wendet man hiergegen ein, dass schon bei der Furchung Ektoderm und Entoderm differenzirt seien, so können wir er-
wiedern, dass das Mesoderm in demselben Grad differenzirt ist: d. h.

die Zellen des späteren Mesoderms sind schon vorhanden und durch
die Einstülpung werden nur ihre Lagerungsverhältnisse verändert,
was ebenfalls für Ektoderm und Entoderm gilt, obgleich viele Zellen
derselben bis zum Abschluss der Invagination ohne alle Veränderung fortbestehen. Jedenfalls ist die scharfe Sonderung von Ekto-
und Entoderm erst mit der Einstülpung vollzogen, und aus schon
angegebenen Gründen werden wir die Differenzirung der Keimblätter
als mit der Invagination vollendet betrachten können.

In der dorsalen Lippe des Blastoporus vermehren sich die Mesodermzellen sehr rasch und bilden in der Mittellinie eine kontinuirliche Platte. Diese mediane Platte hat aber nur eine sehr geringe
Ausdehnung nach vorn und wird unserer Betrachtung der in der
Mittellinie später stattfindenden Vorgänge keine Schwierigkeiten darbieten.

Wie oben erwähnt, wird die Urdarmhöhle durch die Einstülpung
gebildet: dieselbe ist gänzlich von Entodermzellen umgeben, seitlich
und oben von großen Cylinderepithelzellen, die außer allem Zweifel
eingestülpt sind und die wir unter dem Namen »eingestülptes
Entoderm« zusammenfassen werden. In wie fern die den Boden
der Urdarmhöhle bildenden Zellen eingestülpt sind, oder in wie
fern sie einfache Dotterzellen sind, kann ich nicht bestimmt sagen.
Die Frage ist von keiner sehr hohen Wichtigkeit, weil sie nur in
der vordersten Körpergegend, wo sie deutlich eingestülpt sind, zu
bleibenden Epithelzellen des Darmes werden; durch weitaus die größte
Strecke des Körpers werden die betreffenden Zellen als Nahrungsmaterial benutzt und allmählich resorbirt. Auf dieser Strecke wird das
Lumen der Urdarmhöhle nicht zum Lumen des bleibenden Darmes.

Kurz nach der Bildung der Keimblätter in der dorsalen Gegend
des Embryo, wie wir jetzt sagen dürfen, erscheinen sie auch in den
ventralen und lateralen Regionen. Hier sind sie auf eine von der
eben besprochenen ganz verschiedene Weise gebildet. In diesen
Gegenden, in denen der Nahrungsdotter besonders angehäuft ist,
wird die Einstülpung durch eine Umwachsung der kleineren Furchungselemente über die größeren ersetzt. Hier ist das Entoderm
nur durch die Dotterzellen vertreten und das Mesoderm ist anfänglich gar nicht vorhanden. Der auf Taf. VIII Fig. 11 b dargestellte
Schnitt lässt den ersten Schritt in der Mesodermdifferenzirung deutlich
erkennen. Allmählich wird die äußerste Lage der Dotterzellen von
den anderen Zellen getrennt und indem sie mit den lateralen Massen des eingestülpten Mesoderms Taf. VIII Fig. 11, sich verbindet,

wird sie zu einer Lage Mesodermzellen. Diese Differenzirung fängt zuerst am hinteren Ende des Embryo an, und schreitet allmählich nach vorn (s. Taf. VIII Fig. 11 a). Auf Querschnitten gesehen, scheint die Differenzirung gleichzeitig vor sich zu geben, d. h. um die Querperipherie des Embryo. Die Bildung des bleibenden Darmepithels im Rumpf folgt erst sehr viel später, im Mitteldarm erst im Larvenleben (Ammocoetes von 6—6,5 mm Länge), im Enddarm kurz vor dem Ausschlüpfen aus dem Ei. In beiden Fällen wird die große Masse der Dotterzellen resorbirt, während die peripherische Lage der Dotterzellen sich regelmäßiger anordnet und zu einem Cylinderepithel wird. Wenn wir die Größe der Urdarmhöhle mit der des bleibenden Darmlumens vergleichen, so leuchtet ein, dass bei Weitem der größte Theil vielleicht $^9/_{16}$ des Darmepithels des Mittel- und Enddarmes aus Dotterzellen hervorging.

Das Mesoderm hat also, wie oben dargelegt, zweierlei Entstehungsarten: 1) durch eine Einstülpung vom Blastoderm, und 2) durch eine Differenzirung der Dotterzellen. Da aber die Dotterzellen dem Entoderm angehören, so ist klar, dass das ventrale Mesoderm im Rumpf direkt aus Entodermzellen gebildet wird. Das auf diese Weise entstandene Dottermesoderm knüpft sich bald an das Einstülpungsmesoderm: die Verbindungspunkte bleiben lange deutlich.

In dem vom Blastoderm abgeschnürten Kopffortsatz sind die Verhältnisse der Keimblätter etwas verschieden von denen der im Rumpf befindlichen Theile derselben. Im vordersten Theile der Gastrula bildet das eingestülpte Entoderm das blinde Ende des Urdarmes. Mit der Abschnürung des Kopfes beginnt auch ein Wachsthum des Kopffortsatzes in die Länge. Die Ausdehnung der Urdarmhöhle hält gleichen Schritt mit dem Wachsthum dieses Fortsatzes, welcher endlich bis zum Anfang des Mitteldarmes reicht. In diesem Theil des Körpers wird die Urdarmhöhle unmittelbar zum Lumen des bleibenden Darmkanals, und das Epithel desselben wird ausschließlich aus den eingestülpten Entodermzellen gebildet. Da der Kopffortsatz keine Dotterzellen enthält, ist es selbstverständlich, dass hier kein Dottermesoderm entstehen kann. Das ganze Mesoderm wird hingegen durch die eingestülpten Zellen vertreten, und erscheint im Ventraltheile des Körpers durch einfache Umwachsung. Es folgt aus der gegebenen Darstellung, dass der ganze Vorderdarm nie Dotterzellen enthält, von Anfang an ein Lumen besitzt, und nur von eingestülpten Zellen gebildet wird.

Demnach besteht ein ansehnlicher Unterschied in dieser Beziehung zwischen der Vorder- und der Mitteldarmanlage darin, dass in der Vorderdarmanlage nur die eingestülpten Zellen vorhanden sind, während die Mitteldarmanlage mit Dotterzellen vollgefüllt ist und eine neue Bildungsweise von den ventralen Theilen der beiden unteren Keimblätter erscheinen lässt.

Dieser Unterschied ist offenbar nur eine Anpassung an die Bedingungen der Ernährung, durch welche die Dotterelemente auf der ventralen Seite und in der mittleren und hinteren Gegend des Körpers allein verwendbar sind.

Was das Histologische betrifft, so besteht zu dieser Zeit das Ektoderm aus Cylinderepithelzellen, die in der dorsalen Mittellinie höher und schmaler als irgend wo anders sind, und große, sich intensiv mit Karmin färbende Kerne mit deutlichen Nucleolis haben. Die Zellen des eingestülpten Entoderms sind ebenfalls cylindrisch, jedoch größer (mit Ausnahme der an den äußersten lateralen Grenzen der Urdarmhöhle liegenden Zellen) als die des Ektoderms. An den Seiten der Urdarmhöhle besitzen sie eine unregelmäßige Gestalt. Die den Boden der Höhle bildenden Zellen sind den eingestülpten Entodermzellen ganz ähnlich, aber nicht so regelmäßig geordnet. Die Hauptmasse der Dotterzellen bleibt von der Vollendung des Furchungsvorganges an unverändert: sie werden allmählich resorbirt und als Nahrungsmaterial verwendet. Bei Larven von 6,5 mm Länge ist das Lumen des Darmkanals ganz frei von Dotterzellen, und bei 7,5 mm langen Larven sind Dotterkörnchen überhaupt nicht mehr zu sehen. Die Zellen des eingestülpten Mesoderms zeigen eine unregelmäßige Gestalt und Anordnung. Sie bilden eine große Masse zu jeder Seite des Embryo: in der dorsalen Mittellinie, mit der Ausnahme der oberen Lippe des Rusconi'schen Afters, fehlen sie gänzlich.

In dem eben jetzt beschriebenen Stadium der Vollendung der Anlage der Keimblätter sind alle Zellen reichlich mit Dotterkörnchen gefüllt, so dass es oft sehr schwierig ist, die Zellengrenzen zu sehen: dieser Zustand persistirt fast während des ganzen embryonalen Lebens: bei den ältesten Embryonen jedoch sind viele Theile des Organismus ganz frei von Körnchen, während solche bei jüngeren Larven noch in den eigentlichen Zellen des Darmkanals und in den Dotterzellen zu treffen sind.

Diese Art der Keimblätterbildung ist der bei Triton zu findenden sehr ähnlich: es ist auch leicht sie in Einklang mit der der Selachier zu bringen: bei diesen hängen die Verschiedenheiten von

der vergrößerten Masse des Nahrungsdotters ab. Die Verhältnisse
der beiden Typen sind von BALFOUR[1] sehr eingehend beschrieben
worden.

Meine Darstellung der bei Petromyzon sich findenden Bildung
der Keimblätter weicht von der von CALBERLA[2] gegebenen sehr bedeutend ab. Nach ihm ist die erste Anlage des Embryo eine zweiblättrige und besteht aus primitivem Ektoderm und Entoderm. Letzteres ist durch einen Einstülpungsvorgang entstanden und entspricht
in der Mittellinie meinem eingestülpten Entoderm und auf beiden
Seiten meinem eingestülpten Mesoderm. Die primäre Keimhöhle
(Furchungshöhle oben) ist durch diese Einstülpung zum Verschwinden gebracht, und anstatt derselben wird die sekundäre Keimhöhle
(Urdarmhöhle oben) gebildet.

»Beiderseits der Stelle wo über der sekundären Keimhöhle die
dort besonders großen Zellen des primären Ekto- und Entoderms
zusammenstoßen, beginnen Zellen des Entoderms sich zu theilen.
Das Resultat dieser Theilung ist die Bildung des Mesoderms und
des sekundären Entoderms. Letzteres formt stets eine geschlossene,
meist aus größeren Zellen als die des Mesoderms bestehende Grenze
gegen die in der Mitte des Eies gelegenen Furchungselemente, welche,
wie oben bemerkt, zum Nahrungsmaterial verwendet werden«

CALBERLA sagt nichts Genaueres über die Entstehung der Keimblätter in den ventralen Theilen des Körpers und giebt auch keine
Abbildungen dieser Theile. Man muss aber glauben, dass er meint,
sie wachsen um die Peripherie des Dotters von den oben besprochenen Massen herum. Das ist aber nur in der vordersten Gegend des
Rumpfes und im Kopf zu treffen. Zum größten Theil sind die ventralen Theile des Mesoderms und fast das ganze Entoderm aus den
Dotterzellen gebildet, auf die Weise, die wir schon besprochen haben.

Die Betonung des Unterschiedes zwischen primären und sekundären Keimblättern ist für diese mit Nahrungsdotter gefüllten Eier
nicht haltbar. Ursprünglich ist, wie Amphioxus lehrt, die Embryonalanlage eine zweiblättrige, aber durch den Nahrungsdotter sind
viele Komplikationen und Veränderungen bedingt, so dass die dorsalen Theile der beiden unteren Keimblätter gleichzeitig aus Blastoderm entstehen und sich als solche von Anfang an erkennen lassen.
Die späteren Entwicklungsstadien zeigen, dass die kleineren von

---

[1] BALFOUR, Op. cit. pag. 57—64.
[2] CALBERLA, Morph. Jahrb. Bd. III pag. 245 et seq.

CALBERLA, als sekundäre entodermale bezeichneten Zellen nichts mit
Entoderm zu thun haben, sondern sich zu Muskelzellen und Zellen
der pleuroperitonealen Membran entwickeln, während das Entoderm
des Mittel- und Hinterdarms sich fast ausschließlich aus den Dotterzellen entwickelt. Das eingestülpte Entoderm wird zum größten
Theil in dieser Gegend in die Bildung der Chorda aufgenommen.
Die Zellen, welche später zum Epithel des Darmkanals werden, betrachtet CALBERLA bloß als Nahrungsmaterial. Die ganze Bedenk-
lichkeit seiner Ansicht liegt darin, dass er die Natur der Dotterzellen
und der Urdarmhöhle nicht richtig auffasste, indem er glaubte, dass
diese Höhle zum Lumen des Darmrohres wird. Mit dieser Ansicht
musste er den »Dotterkern« als etwas Fremdes, ein außerhalb des
Darmrohres liegendes Nahrungsmaterial betrachten. Wir haben aber
schon gesehen, dass diese Dotterzellen dem Entoderm zugehören,
dass sie nicht bloß Nahrungsmaterial, sondern auch zum Theil bleibende Elemente bilden. Ferner wird die Urdarmhöhle zum bleibenden Darmlumen nur im Vorderdarm, wo überhaupt kein Dotter ist:
aber in den anderen Darmtheilen werden die epithelartigen, den Boden dieser Höhle bildenden Zellen resorbirt, indem das Darmrohr
hier den Dottersack vorstellt. Die äußere, nach der Differenzirung
des ventralen Mesoderms zurückbleibende Schicht der Dotterzellen
bildet das bleibende Epithel des Darms.

Es ist sehr wichtig die Verwandtschaft der Archigastrula, wie sie
bei Amphioxus zu treffen ist, mit einem solchen Ei wie dem von Petromyzon zu verstehen. Hierzu muss man nicht bloß die Ähnlichkeiten,
sondern auch die Verschiedenheit beider Typen sich klar machen.

Mit BALFOUR's[1] über das Verhältnis des Frosch-Eies zu dem
von Amphioxus mitgetheilten Untersuchungen stimmen meine Resultate
in den meisten Punkten überein. Seine Ideen über die Entstehung
des Mesoderms bei den verschiedenen Wirbelthieren sind bedeutend
gestärkt worden durch die spätere Abhandlung KOWALEVSKY's[2] über
Amphioxus. Es scheint aber nothwendig zu sein, seine Absicht
einigermaßen zu modificiren, weil der Unterschied zwischen Frosch
und Amphioxus in Bezug auf die Bildung des Mesoderms größer ist
als er geglaubt hatte.

Um diese Verhältnisse möglichst klar darzustellen, gebe ich auf

[1] BALFOUR, A comparison of the early Stages of the Development of
Vertebrates. Quart. Journ. Microsc. Science. 1875.
[2] KOWALEVSKY, Weitere Studien über die Entwick. von Amphioxus.
Archiv für mikroskop. Anatomie. Bd XIII.

Taf. XI eine Reihe schematischer Figuren. welche Amphioxus, eine hypothetische Form, und Petromyzon darstellen.

In allen den Reihen stellt die erste Figur einen sagittalen Längsschnitt dar, während die zweite und dritte Figur einen Querschnitt abbildet. Bei Amphioxus (Reihe *A*) ist die Eifurchung total und symmetrisch und liefert eine aus gleichartigen Blastomeren bestehende Morula. Die sehr geringe Quantität des Nahrungsdotters ist gleichmäßig vertheilt und stört die Symmetrie[1] gar nicht: in dem nächsten Stadium ist das Blastoderm symmetrisch[1] eingestülpt Taf. XI Fig. 10), woraus ein zweiblättriger Embryo mit großer, durch den Blastoporus nach außen mündender Urdarmhöhle entsteht. Durch die Bildung des Rückenmarkes wird das Entoderm in der Mittellinie nach unten gedrängt, während dieses Blatt seitlich seine ursprüngliche Höhe hat. Die Seitenfalten sind wirkliche Ausstülpungen des Urdarmes und enthalten eine Fortsetzung der Urdarmhöhle: sie zerlegen sich durch Querspalten unmittelbar in die Urwirbel und ihre Höhlen gehen unmittelbar in die der Urwirbel über. Kowalevsky[2] sagt nichts Sicheres über das spätere Schicksal dieser Höhlen, er findet es aber möglich, dass sie die Leibeshöhle entwickeln. Jedenfalls erscheint die Leibeshöhle, wenn sie erst deutlich wird, in Gestalt zweier lateral nicht in Zusammenhang mit einander stehender Spalten, welche sich erst später ventral vereinigen, um die einheitliche Leibeshöhle zu bilden.

Um sich das Verhältnis dieses einfachen Eies zu dem von Petromyzon vorzustellen, können wir eine hypothetische Zwischenform aufstellen (Taf. XI Reihe *B*). Die erste Figur dieser Reihe nehmen wir mit Modifikationen von Balfour's Plate X Fig. *B* (loc. cit). In dieser Form hat sich die Quantität des Nahrungsdotters vermehrt, wenn auch nicht so sehr wie beim Petromyzon-Ei. Durch die Nothwendigkeit dieses Nahrungsmaterial auf der ventralen Seite des Körpers zu haben, sind die Zellen des unteren Eipols damit gefüllt. Wenn das Material ein gewisses Maß überschreitet, so müssen die Zellen sich nicht bloß vergrößern, sondern sich auch theilen und auf Kosten der Furchungshöhle eine mehrschichtige Lagerung und Ausdehnung nach oben einnehmen. Nahrungsmaterial ist passiv

---

[1] Die Bezeichnung »Symmetrie« »symmetrisch« bezieht sich hier nicht auf eine Medianebene sondern auf das Vorn und Hinten der Körperanlage.

Anm. d. Red.

[2] Kowalevsky, Weitere Stud. über die Entw. von Amphioxus lanc. Archiv für mikroskop. Anatomie. Bd. XIII pag. 185.

und folglich theilen sich die mit demselben gefüllten Zellen langsamer als die mit reinem Protoplasma gefüllten. Wie BALFOUR sagt (p. 216) : »In eggs in which the distribution of food material is not uniform, segmentation does not take place with equal rapidity in all parts of the egg, but its rapidity is, roughly speaking inversely proportional to the quantity of food material«. Die nächstfolgende Einstülpung (Fig. 18) muss etwas asymmetrisch sein, um den Dotter auf der ventralen Seite zu behalten: wenn sie symmetrisch wäre, so würde das Nahrungsmaterial unter der ganzen Peripherie des Embryo liegen. Da die Einstülpung am dorsalen Rande der größeren Zellen stattfindet, müssen die kleineren Zellen die größeren am ventralen Theile umwachsen. Wie BALFOUR gezeigt hat, ist diese Umwandlung der Einstülpung in eine Umwachsung eine nothwendige Folge der Vergrößerung der Zellen am unteren Pole des Eies.

BALFOUR lässt bei dieser hypothetischen Form das Mesoderm gleichzeitig mit der Einstülpung entstehen, ganz wie beim Frosch. Nach unseren gegenwärtigen Kenntnissen von Amphioxus ist es besser, die hypothetische Form als einen zuerst zweiblättrigen Embryo aufzustellen. Das Mesoderm entsteht, dieser Ansicht nach, als laterale solide Wucherung des eingestülpten Entoderms (Taf. XI Fig. 19 As . Diese Veränderung hängt ab von der Vermehrung des Nahrungsmaterials, wodurch die Räume beschränkt, die Entwicklungsvorgänge an den dorsalen Theilen relativ beschleunigt und die an dem ventralen Theile verzögert werden. Auch bei dieser Form ist die Leibeshöhle zuerst paarig und jede Höhle erstreckt sich bis zur Spitze der Mesodermplatte. Die späteren Vorgänge sind ganz wie bei Amphioxus. Der große Unterschied besteht darin, dass die Leibeshöhle erst später entsteht und nie einen Zusammenhang mit der Urdarmhöhle hat. Ein neu aufgetretener Vorgang erscheint in der theilweisen Differenzirung des Mesoderms aus Dotterzellen Fig. 50 DM), wie es auch bei Petromyzon der Fall ist. Da aber der Dotter jener Zwischenform keine so große Ausdehnung hat, kommt diesem neuen Vorgang nicht dieselbe Bedeutung zu und bei Weitem der größte Theil des Mesoderms entsteht von den oben erwähnten soliden Wucherungen des eingestülpten Entoderms. Dieses muss der Fall sein, weil die Dottermasse keinen so großen Theil der Peripherie des Eies einnehmen kann und weil auch die Ausdehnung von vorn nach hinten eine beschränktere ist.

Bei Petromyzon (Taf. XI Reihe C) ist die Quantität des Nahrungsdotters noch mehr vergrößert: die Furchungshöhle ist enger geworden und die untere Eihälfte wird durch viele Zellenreihen gebildet. Der Unterschied zwischen den großen und den kleinen Zellen tritt sehr frühzeitig auf. Mesoderm und Entoderm sind in der dorsalen Gegend durch die dorsale asymmetrische Einstülpung gebildet. In den ventralen Theilen des Dottersackes entstehen sie durch Differenzirung der Dotterzellen. In diesem Fall sind die dorsalen Vorgänge noch mehr beschleunigt und das Mesoderm differenzirt sich noch früher. Auch hier sind also die Veränderungen von der Volumsvergrößerung ableitbar. Durch die mächtige Ausdehnung der Dottermasse ist die Urdarmhöhle sehr verengt und bietet keinen Raum für die bei Amphioxus beobachteten Vorgänge, während die größere Thätigkeit der kleinen von Dotterkörnchen verhältnismäßig freien Zellen, welche später zu den unteren Keimblattzellen werden (d. h. nicht die großen Dotterzellen des Entoderm, sondern die das eingestülpte Entoderm und Mesoderm entwickelnden Zellen, die raschere Bildung des Mesoderms verursacht. Dieses wird verständlich wenn wir annehmen, dass in dem Maß, als die Dotterzellen des Entoderms, oder vielmehr die der unteren Eihälfte, die Zellen der oberen Eihälfte übertreffen, die Entwicklungsvorgänge der kleineren Elemente rascher als die der größeren stattfinden. In Folge dessen ist das dorsale Mesoderm gleichzeitig mit der Einstülpung differenzirt Fig. 61.

Auch in diesem Fall entsteht das Mesoderm in Form zweier lateraler von einander unbhängiger Massen. Die später stattfindende Spaltung des Mesoderms bildet wie vorher eine paarige Leibeshöhle, deren Theile erst viel später zusammenfließen. Die Spaltung des Mesoderms erstreckt sich bis zur Spitze der Platten; die Höhlen der Urwirbel sind also Fortsetzungen der Leibeshöhle, ganz wie bei Amphioxus. Die ganze Anordnung des Mesoderms erscheint durch die Beziehungen zum Entoderm — der Wand des Urdarms — wie eine Ausstülpung derselben.

In der Ventralregion sind die Verhältnisse andere. Durch die Vergrößerung des Dotters giebt es eine weit größere Strecke an der die Einstülpung durch Umwachsung ersetzt werden muss. Als Correlate dieses Verhältnisses finden wir Anpassungen der Bildungsweise des Ento- und Mesoderms, welche hier durch Differenzirungen der Dotterzellen entstehen.

Die Vergleichung der Eier verschiedener Gruppen lehrt uns, dass je mehr das Nahrungsmaterial sich vergrößert hat, desto mehr die Einstülpung durch die Umwachsung ersetzt wird; bis in den großen meroblastischen Eiern nur noch der letztere Vorgang zu treffen ist. Bei manchen solchen Eiern soll eine wirkliche Einstülpung stattfinden. Nach den zuverlässigsten Untersuchungen ist dieses jedoch nicht der Fall. Bei allen diesen Typen jedoch behalten die Embryonen Spuren des primitiveren Zustandes. Solche z. B. sind der neuro-enterische Kanal bei Reptilien[1], Vögeln[2] und Selachiern, die paarige Anlage des Mesoderms u. s. w.

Wir können also nicht nur die Ähnlichkeiten, sondern auch die Unterschiede zwischen den Eiern von Amphioxus und Petromyzon genügend erklären. Die Unterschiede hängen alle ab von Vermehrung der Dotterelemente und Volumsvergrößerung des Eies. Natürlich betrifft diese Bemerkung nur die beiden Typen gemeinsamen früheren Stadien. Die auf Amphioxus, Triton, Petromyzon und die Selachier sich beziehenden Untersuchungen konstatiren völlig Balfour's Meinung über die Entstehung des Mesoderms: »The tendency of our present knowledge appears to be in favour of regarding the body cavity in Vertebrates as having been primitively the cavity of alimentary diverticula, and the mesoblast as having formed the walls of the diverticula«. Diese Ansicht scheint um so mehr gerechtfertigt, als sie von Zuständen bei Wirbellosen abstrahirt ward, bevor noch die wichtigen Thatsachen der Entwicklung von Amphioxus bekannt waren. Sie wird besonders durch die Untersuchungen von Kowalevsky[3] und Bütschli[4] über Anneliden und Chaetognathen gestützt.

Die oben gegebenen Ansichten über die Gastrula-Verwandtschaften finden ferner eine Stütze in einer parallelen durch allmähliche Vermehrung der Dotterelemente bedingten Reihe von Modifikationen unter den Würmern. Diese Reihe ist in der oben citirten Arbeit Kowalevsky's zu finden. Sie ist folgende: Bei Sagitta ist die Furchung ganz symmetrisch und liefert gleichartige Furchungskugeln. Die Einstülpung ist symmetrisch und bildet einen zweiblättrigen Embryo. Das mittlere Keimblatt entsteht, wie bei Amphioxus, aus zwei lateralen Divertikeln der Darmhöhle (Taf. VII.

[1] Balfour, Early Devel. of the Lacertilia. Quart. Journ. Microsc. Sc. 1879, pag. 421 ff.

[2] Gasser. Der Primitivstreif bei Vogelembryonen. Marburg. 1878. Braun. Verhandl. d. phys. med. Ges. zu Würzburg. N. F. Bd. XIV.

[3] Kowalevsky, Mém. de l'Acad. de Sc. de St. Pétersbourg. VII. Série Tome XVI No. 12. 1871.

[4] Bütschli, Sagitta. Zeitschrift für w. Zool. Bd. XXIII pag. 409—413.

Bei Lumbricus (Taf. XII) ist etwas Nahrungsmaterial vorhanden, so dass die Furchung inäqual ist; die Quantität des Dotters ist aber geringer als bei unserer hypothetischen Zwischenform. Obgleich die Menge der Dotterelemente so klein ist, entsteht das Mesoderm aus Wucherungen des Entoderms, welche sich später ganz wie die alimentären Divertikel von Sagitta entwickeln, und spalten, um die zuerst paarige Leibeshöhle zu bilden u. s. w. Bei Euaxes ist eine enorme Menge Dotterkörnchen vorhanden (Taf. X) und die erste Theilung liefert somit eine große und eine kleine Kugel. Hier ist das Mesoderm schon am Ende des Furchungsvorganges vorhanden. Die spätere Entwicklung des Mesoderms ist ähnlich der bei den anderen angeführten Typen der Würmer. Es ist paarig, hat keine Ausdehnung über die Mittellinie u. s. w. Wie Kowalevsky uns aufmerksam macht, ist die Einstülpung in diesem Fall vollständig durch Umwachsung ersetzt und dieses Ei entspricht genauer dem der von Balfour aufgestellten hypothetischen Form zwischen den Selachiern und Amphibien, als dem der Petromyzonten.

Ich muss es betonen, dass ich keinen phylogenetischen Zusammenhang zwischen diesen drei Typen aufstelle, sondern sie nur anführte um zu zeigen, dass auch bei den Würmern ähnliche Veränderungen durch ähnliche Momente verursacht sind. Diese Würmer bilden aber eine parallele Reihe von ansehnlicher Wichtigkeit.

Ein anderer wichtiger Punkt betrifft das Verhalten der Urdarmhöhle zum Lumen des Darmkanals. Im Kopfdarm sind die Verhältnisse genau wie bei Amphioxus. Der Kopf ist ein sehr alter Theil des Organismus, in der That der erste vom Blastoderm sich erhebende, und in demselben finden wir nur das eingestülpte Ento- und Mesoderm. Das Lumen des Kopfdarmes ist eine Fortsetzung der Urdarmhöhle, welche keine Änderungen, eine Verlängerung ausgenommen, erlitten hat. Der Mitteldarm hingegen zeigt viele Veränderungen, weil hier die Anhäufung der Dotterzellen primitivere Verhältnisse gestört hat. Diese großen Dotterzellen sind durch Wucherung der primitiven Entodermzellen producirt und sind also den ventralen Zellen von Amphioxus homolog. Später ist die Urdarmhöhle in dieser Gegend verdrängt, die Dotterzellen werden allmählich resorbirt und eine neue Höhle entsteht, welche von der äußeren Schicht der Entodermzellen umgeben wird. In dieser Gegend sind Darmhöhle und die meisten Entodermzellen denen von Amphioxus inkomplet homolog. Diese Modifikation ist noch weiter bei den mit großem Dottersack versehenen Thieren fortgeschritten.

In Bezug auf Mund- und Afterbildung stimmt Petromyzon mit anderen Wirbelthieren ganz überein. Wir werden sehen, dass jene Organe sich von Neuem bilden und dass keines von beiden etwas mit dem Blastoporus zu thun hat. Ich kann also Benecke's[1] Behauptung, dass der Rusconi'sche After sich schließt und ein neuer sich entwickelt, völlig konstatiren.

Prof. Kupffer[2] hat kürzlich seine Ansichten über die Gastrula der höheren Wirbelthiere mitgetheilt, von welchen die oben angeführten wesentlich abweichen. Wir wollen in Folge dessen die Kupffer'sche Meinung einer sorgfältigen Prüfung unterziehen. Kurz zusammengefasst enthält die Kupffer'sche Ansicht folgende Punkte:

1) An der Keimscheibe des Eies von Lacerta agilis und Emys europaea bildet sich ein centraler Embryonalschild; innerhalb dieses Schildes und in der Nähe des Randes erfolgt dann eine Einstülpung des Ektoderms, welche einen gegen den Dotter vorragenden Blindsack bildet. Die Öffnung dieses Sackes betrachtet er als Blastoporus, seine Höhle als Gastrulahöhle (Urdarmhöhle). Die Medullarwülste schließen sich über der Öffnung, wie dieses beim Frosch stattfindet und so entsteht eine Kommunikation zwischen Gastrulahöhle und Medullarrohr. Diese Einstülpung, glaubt er, wird unmittelbar zur Allantois. 2) Er findet bei den Schlangen, dass die Darmanlage erst nachträglich in Kommunikation mit der Allantois und durch diese mit dem Neuralkanal tritt. »Es stellt also das Epithel der Allantois das primäre Entoderm der Reptilien dar. Epithelsack der Allantois und Entodermsack der Gastrula des Amphioxus sind homolog.« 3) Er findet dieselben Verhältnisse beim Hühnchen wie bei den Reptilien. 4) Bei Salamandrinen und Batrachiern findet er, dass die Medullarwülste sich über dem Blastoporus schließen und dass die Urdarmhöhle, ganz wie bei den von ihm beschriebenen Reptilien, mit dem Nervenrohr kommunicirt. 5) Bei den Teleostiern besteht ebenfalls eine Einstülpung im Blastoderm, welche ein helles Bläschen bildet. Von diesem Bläschen verläuft eine feine Spalte, welche in den soliden Medullarstrang hineinzieht und bis zur Oberfläche zu verfolgen ist; die Zellen, welche innerhalb des Stranges die Spalte begrenzen, schließen sich kontinuirlich an das Epithel der Blase an. Später verschwindet die Blase gänzlich. Darauf hin be-

---

[1] Von Kupffer (s. unten) auf pag. 593 angeführt.
[2] Die Entstehung der Allantois und die Gastrula der Wirbelthiere. Zool. Anzeiger 1879. No. 39, 42 u. 43.

hauptet er: »Die Allantois der Knochenfische repräsentire das Urentoderm derselben«. Das Urentoderm betheiligt sich in keiner Weise
an der Bildung des Darmes; das Epithel des Darmes stammt vielmehr von freien im Rindenprotoplasma des Dotters entstandenen
Zellen, welche er als sekundäres Entoderm bezeichnet. 6) Bei den
Selachiern wiederholt er die von BALFOUR gegebene Schilderung, der
Blastoporus ist von den Rückenwülsten eingeschlossen und dadurch
ein Canalis neuro-entericus gebildet. »Es findet keine grubenförmige,
sondern eine rinnenartige Einstülpung statt,« während freie Zellen-
bildung einen großen Theil des Darmkanals entwickelt. 7) Bei den
Sauropsiden liegt der Embryo central im Blastoderm. aber bei Amphibien. Fischen und Sauropsiden »erfolgt die Einstülpung excentrisch
am Schild und es bildet sich der Embryo vom Rande des Schildes
aus gegen die Mitte hin.« S) Endlich citirt er BISCHOFF's Angaben
über die Bildung der Allantois beim Meerschweinchen, welche von
HENSEN bestätigt wurden, und welche auch mit KUPFFER's Beobachtungen über das Reptilien-Ei übereinstimmend sind.

Wenden wir uns jetzt zu der Besprechung dieser Ansicht; dieselbe läuft darauf hinaus, dass bei den Knochenfischen und Amnioten der Darm ganz de novo entstanden ist, während der Urdarm,
welcher dem Darm der Amphibien entspricht, zur Allantois geworden
sei. Solch eine Umwandlung hat große theoretische Schwierigkeiten, welche nur die überzeugendsten Beweise wegzuräumen vermögen.
Sind solche Beweise vorhanden?

1) Die von KUPFFER als wichtigst angeführten Thatsachen sind
seine eigenen Untersuchungen über das Reptilien-Ei. Diese Thatsachen (? werden aber von BALFOUR [1] ausdrücklich geleugnet, und
obgleich KUPFFER sie gegen den BALFOUR'schen Einwand vertheidigt,
so können sie doch nicht als festgestellt betrachtet werden. Nach
BALFOUR [2] ist der durch Einstülpung gebildete Sack nicht blind.
sondern er hat eine Öffnung in die Darmhöhle und in Folge dessen
bildet diese Einstülpung einen Gang von Rückenmark zum Darmrohr, d. h. einen Canalis neuro-entericus. »The neurenteric passage
persists but a very short time after the complete closure of the me-
dullary canal. It is in no way connected with the allantois as con-
jectured by KUPFFER and BENECKE, but the allantois is formed, as
I have satisfied myself by longitudinal sections of a later stage. in

[1] Quarterly Journal Micr. Sc. 1879. pag. 421 ff.
[2] BALFOUR, loc. cit.

the manner already described by DOBRYNIN, GASSER and KÖLLIKER for the bird and mammal.«

Wenn wir auch zugeben, dass BALFOUR den geschlossenen Grund des Sackes vermisst hat, so berührt KUPFFER nicht die positiv angeführte Thatsache, welche von späteren Stadien festgestellt ist, dass die Allantois durch eine Ausstülpung von dem Darm gebildet wird.

2 Auch unter den Vögeln findet er einen »Canalis myelo-allantoideus« und glaubt, dass auch hier eine blinde Einstülpung des Blastoderms ihn bilde und später zur Allantois werde. Diese Ansicht wird aber durch die Untersuchungen von GASSER und BRAUN bestritten (wie KUPFFER selbst uns aufmerksam macht, nach welchen diese Einstülpung in den Darm einmündet und einen Canalis neuro-entericus bildet, gerade wie von BALFOUR bei den Lacertilien gefunden wurde. Da dieser Kanal eine Verbindung zwischen Medullarrohr und Kloake bildet und da ferner die Allantois als eine Ausstülpung von der Kloake sich entwickelt, so ist es kaum merkwürdig, dass eine Kommunikation zwischen der Allantois und dem Medullarrohr entstehen sollte. Offenbar beweisen die von KUPFFER erwähnten Schnitte, welche diesen Zusammenhang zeigen, für seine Ansicht nichts von Bedeutung.

3 Dass bei den Schlangenembryonen die Allantois mit dem Darmkanal später als mit dem Medullarrohr in Zusammenhang steht, erlaube ich mir, da die KUPFFER'schen Beobachtungen über Eidechsen und Vögel von anderen Forschern bestritten sind, gegenwärtig wenigstens als noch nicht völlig sicher anzusehen.

4 Bezüglich der Knochenfische hat BALFOUR schon dagegen protestirt, dass man diese Gruppe als Stütze für zweifelhafte Ansichten benutzen sollte, weil durch die Verminderung des Nahrungsdotters so viele Komplikationen aufgetreten seien, dass die Knochenfische selbst in diesen Beziehungen sehr problematisch wären. Ich mache keine Ansprüche die angeführten Thatsachen in der Entwicklung der Knochenfische zu erklären, ich kann aber nicht sehen, dass sie die Hypothese, welche wir jetzt besprechen, wesentlich stützen. Es wäre allerdings höchst merkwürdig, wenn bei den Knochenfischen das ganze Darmepithel aus ungefurchtem Dotter frei entstehen sollte, und wenn auch wahr, so zeigte es nur, wie abweichend die Teleostier von den anderen Typen sind und wie sehr bei Vergleichungen solcher differirender Formen Vorsicht nöthig ist.

5 Für die Selachier scheint KUPFFER BALFOUR'S Beschreibung

nicht völlig verstanden zu haben, denn dieser Forscher stellt ausdrücklich und wiederholt in Abrede [1], dass eine Spur von Einstülpung bei diesen Thieren vorhanden sei und behauptet hingegen, dass das Lumen des Darmkanals durch einen Spaltungsvorgang entstehe. In diesem Fall sollte nach der KUPFFER'schen Ansicht irgend ein dem Urentoderm entsprechendes Bläschen vorhanden sein. Ein solches ist aber nicht zu treffen.

6) Das Meerschweinchen ist bezüglich seiner Entwicklung eines der unverständlichsten Objekte, die es überhaupt giebt, so anormal, dass man sehr vorsichtig sein muss Schlüsse daraus zu ziehen. Es ist einer der Fälle, welche selber der Erklärung bedürfen und kaum Erklärung für andere Fälle liefern können. BISCHOFF's Angabe sagt übrigens nicht, dass die Allantois durch eine Einstülpung des Blastoderms gebildet werde, und die Untersuchungen SCHÄFER's [2] zeigen, dass Andeutungen eines Canalis neuro-entericus vorhanden sind. Die Verhältnisse stimmen also vielmehr überein mit denen der Lacertinen (BALFOUR und Vögel (GASSER, BRAUN).

Die KUPFFER'sche Ansicht stützt sich also auf keine unbestrittenen Thatsachen (mit der möglichen Ausnahme der Schlangen), welche von einer normalen, verständlichen Gruppe genommen werden und lässt die Verhältnisse bei den Selachiern ganz unerklärt. Es ist dagegen von großer Bedeutung, dass die unabhängigen Beobachtungen von BALFOUR, GASSER, BRAUN und SCHÄFER sämmtlich sehr klar jener Hypothese widersprechen und zu gleicher Zeit einen übereinstimmenden Zustand bei allen den untersuchten Typen aufdeckten. Eine solche Umwandlung, wie sie jene Hypothese will, lässt sich gar nicht praktisch denken: die Hypothese lässt unverständlich die ganze Neubildung des Darmkanals und die Verhältnisse zwischen holoblastischen und meroblastischen Eiern.

Ferner spricht gegen jene Ansicht eine positive Thatsache ganz entschieden, nämlich die, dass bei den Amphibien, welche eine sehr vollkommene Einstülpung besitzen, das Homologon der Allantois schon anderwärts vorhanden ist, ohne dass es von jener Einstülpung direkt ableitbar wäre, d. h. die Harnblase. Es kann also hier nicht mehr die Rede sein von einer Homologie des ganzen Darmkanals mit der Allantois. Die von mir gegebene Auffassung über die

Gastrula-Verhältnisse der holoblastischen und meroblastischen Eier bietet keine solchen Schwierigkeiten dar, sie erklärt einfach die Thatsachen und wird durch die Existenz einer parallelen Reihe von Modifikationen unter den Würmern gestützt.

Drittes Kapitel.

Das Entoderm.

In diesem Kapitel behandeln wir die Entwicklung der Chorda dorsalis und des Darmkanals mit seinen Anhangsorganen. Zu gleicher Zeit schließen wir einige Entwicklungsvorgänge an, welche, obgleich sie den Darmkanal betreffen, eigentlich anderen Keimblättern zugehörig sind.

Chorda dorsalis.

Die Entwicklung dieses Organs ist von CALBERLA [1] sehr ausführlich und genau beschrieben worden. Da die Entstehung der Chorda eine viel bestrittene Frage ist, so habe ich die CALBERLA-schen Angaben einer sorgfältigen Kontrolle unterworfen und kann diese Angaben nur konstatiren. Da ich jedoch von seiner Meinung über die Bedeutung der lateralen Zellenmassen wesentlich abweiche, gebe ich eine kurze Geschichte der Bildung der Chorda, um dieselbe mit meiner oben ausgesprochenen Ansicht über die Bildung der Keimblätter in Einklang zu bringen.

Bei der Vollendung des Einstülpungsvorgangs haben wir einen Embryo vor uns, welcher in der dorsalen Mittellinie zweiblättrig, auf den Seiten hingegen dreiblättrig ist (Taf. VIII Fig. 12 und 13). Die einzige Ausnahme von diesem Zustand liegt gerade in der oberen Lippe des Blastoporus, wo das Mesoderm sich über die Mittellinie fortsetzt. Diese Anordnung reicht aber nur eine sehr unbedeutende Strecke nach vorn und wird keine Gefahr der Verwirrung darbieten, weil die Mesodermzellen keine Ähnlichkeit mit den eingestülpten Entodermzellen haben, und von denselben mit einem Blick unterscheidbar sind. Die regelmäßige Anordnung in der dorsalen Mittellinie ist also die (Taf. VIII Fig. 12 *Ec. M*): Nach außen liegt die einfache Lage der cylindrischen und keilförmigen Ektodermzellen, nach

---

[1] Morph. Jahrbuch Bd. III pag. 237—260.

innen die gleichfalls einfache Lage der Entodermzellen, welche aber erheblich größer als die Zellen des Ektoderms sind. Lateral krümmen sich diese eingestülpten Entodermzellen nach unten und gehen in die Dotterzellen über: sie umschließen so die Urdarmhöhle nach oben und lateral. Im nächsten Stadium entsteht die erste Anlage des Rückenmarkes und drängt die Entodermlage etwas nach unten; zu gleicher Zeit treten einige der eingestülpten Entodermzellen etwas näher zusammen Taf. VIII Fig. 14 *Ch* und auf beiden Seiten erscheint eine sehr schmale Spalte, welche diese Zellen von den anderen trennt. Die in dieser Weise ausgezeichneten Zellen bilden die erste Anlage der Chorda und gehen aus der Mehrzahl, doch nicht allen Zellen des eingestülpten Entoderms hervor. Die Chordazellen werden höher und schmaler, so dass die Chorda in toto viel schmaler als vorher wird und zu gleicher Zeit fangen die übrigen Entodermzellen an, welche sich ziemlich rasch getheilt haben, unter die Ränder der Chordaanlage zu wandern, und dieselbe von der Urdarmhöhle zu trennen. Diese Trennung geht ganz rasch vor sich und bald erscheint die Chorda als ein prismatischer, solider aus einer einzigen Schicht Zellen bestehender Strang, welcher durch die ganze Länge des Körpers verläuft und nach oben vom Medullarrohr, nach unten vom Darmepithel und an den Seiten von den Mesodermplatten begrenzt wird (Taf. VIII Fig. 15 *Ch*.

Die nächste Stufe ist die Theilung der Chordazellen, welcher Vorgang eine Anzahl kleinerer unregelmäßig vieleckiger Zellen liefert Taf. VIII Fig. 16 u. 17), welche sich dann bald radial anordnen. In diesem Zustand persistiren sie während mehrerer der folgenden Stadien. Anfänglich sind die Chordazellen wie die des Embryo überhaupt reichlich mit Dotterkörnchen gefüllt, und bei Embryonen des 11.—15. Tages, zu welcher Zeit die Zellgrenzen sehr undeutlich werden, ist es oft unmöglich die Anordnung der Zellen aufzufinden. Dieser Zustand dauert nicht lange und die Dotterelemente werden bald assimilirt; zu derselben Zeit beginnt die Vacuolisation der Chordazellen und schon bei Embryonen des 16. Tages ist der Vorgang fast fertig. Die Vacuolisation ist ganz dieselbe wie bei anderen Gruppen und bedarf keiner besonderen Erklärung Taf. IX Fig. 24 *Ch*. Da die Chorda aus dem Entoderm entsteht, so hat sie zuerst eine gleiche Ausdehnung mit demselben. Mit der Abschnürung der Chorda beginnt für sie ein selbständiges Wachsthum und sie ragt nach vorn bedeutend über das blinde Ende des Darmkanals vor (Taf. X Fig. 33 *Ch*). Mit der durch das ungleiche Wachsthum der Hirntheile veranlassten Kopfbeugung wird das vordere Ende der Chorda ebenfalls gekrümmt und zwar in einem Winkel von fast 90°. In diesem Zustand findet sich die Spitze der Chorda zur Zeit des Anskriechens aus dem Ei. Wenn ich auch mit den Angaben CALBERLA's völlig übereinstimme, so kann ich doch seine Folgerungen nicht annehmen, so weit sie von seiner Ansicht über die Homologie der Keimblätteranlagen abhängige sind. Er meint nämlich, dass die Chorda aus primitivem Entoderm, nicht aus Mesoderm aber auch nicht aus dem sekundären Entoderm entsteht. Meiner Auffassung der Keimblätter zufolge ist aber die Unterscheidung zwischen primärem und sekundärem Entoderm bei dem Petromyzon-Ei eine unrichtige. Der Befund bei Petromyzon, welchen CALBERLA nicht in Einklang mit den von BALFOUR bei den Selachiern festgestellten Zustand bringen konnte, bietet gar keine Schwierigkeit und lässt sich nicht nur mit den Selachiern, sondern auch mit vielen anderen Gruppen, welche eine entodermale Entstehung der Chorda darbieten in vollkommene Harmonie bringen.

Bekanntlich herrschen unter den Embryologen die verschiedensten Ansichten über die Bildung der Chorda dorsalis, einige lassen sie aus Mesoderm, andere aus Entoderm und noch andere aus Ektoderm entstehen. In der Entwicklung der Chorda bei Petromyzon giebt es drei besonders hervorzuhebende Punkte. 1. Die Chorda wird aus dem eingestülpten Entoderm gebildet. 2. Die zu diesem Zweck gebrauchten Entodermzellen bilden zuerst einen Theil der oberen Wandung der Urdarmhöhle. Die Chordazellen sind durch den von der eigenthümlichen nach innen vorspringenden Medullarrohranlage veranlassten Druck abgeplattet, demnach setzt sich das Lumen der Urdarmhöhle nicht in die Chordaanlage hinein fort. Die wichtigste Thatsache ist, dass die Chorda nur aus Entoderm gebildet wird und keine Mesodermelemente enthält.

Diese entodermale Entstehung der Chorda wurde zuerst von BALFOUR[1] für die Selachier nachgewiesen loc. cit. pag. 96. Seitdem ist dieselbe für eine große Zahl der Vertebraten erwiesen, welche Thatsachen für die BALFOUR'sche Auffassung der Chorda als entodermales Organ eine starke Stütze bilden. Bei Amphioxus[2], Pe-

---

[1] A preliminary Acit of the development of Elasmobranch Fishes. Quart. Journ. Micr. Sc. 1871.

[2] KOWALEVSKY, Archiv für mikrosk. Anat. Bd. XIII.

tromyzon[1]. den Selachiern[2], den Knochenfischen[3], den Urodelen[1], den Eidechsen[5] und den Säugethieren[6] ist die Chorda unleugbar entodermal. Für die Batrachier giebt CALBERLA das Gleiche an, während GÖTTE eben so positiv dieses leugnet. Jedenfalls haben die Batrachier keinen großen Werth für diese Frage, weil bei ihnen die Zellen der verschiedenen Keimblätter einander so ähnlich, so zahlreich und so dicht an einander gedrängt sind, dass es sehr schwierig ist die Lagen von einander zu unterscheiden. Diese Gruppe müssen wir also als eine zweifelhafte aus dem Spiele lassen. Aber wichtig für die Entscheidung dieser Frage ist die Thatsache, dass bei all jenen Typen, welche klare Vorgänge darbieten und eine genaue Verfolgung dieser Bildung von Anfang an gestatten, die Chorda eine unzweifelhaft entodermale Entstehung hat.

Beim Hühnchen, obgleich eines der vielfachst untersuchten Gegenstände, sind die Erscheinungen der Chordabildung höchst unklar und die von diesem Thier gewonnene Idee, dass die Chorda wesentlich mesodermal sei, hatte einen bedeutenden Einfluss auf die Embryologie ausgeübt, so dass man dieselbe Bildungsweise auch bei den übrigen Typen annahm. Aber die höheren Amnioten sind kaum als günstige Objekte primitiver Verhältnisse anzusehen, da die von dem Primitivstreif herbeigeführten Komplikationen eine richtige Beurtheilung ungemein schwierig machen. Wir müssen uns also zu den niederen und einfacheren Gruppen wenden. Mit Ausnahme der Batrachier treffen wir überall dasselbe. Amphioxus, die Cyclostomen, Selachier, Knochenfische und Urodelen, so weit sie bekannt sind, konstatiren übereinstimmend die entodermale Bildung der Chorda. Diese Übereinstimmung wird um so wichtiger und auffallender, wenn wir die Art der Entstehung der Chorda bei diesen verschiedenen Abtheilungen betrachten. Bei Amphioxus sendet das Entoderm drei Divertikel ab, zwei laterale als Mesodermanlage, einen medianen als Anlage der Chorda. Das Lumen der Darmhöhle setzt sich in die Chordaanlage fort, welche etwas später von dem übrigen Entoderm abgeschnürt wird und deren Zellen sich radial anordnend die Höhle verdrängen. Bei den mit Nahrungsdotter ausge-

---

[1] CALBERLA, Morph. Jahrbuch Bd. III pag. 245 u. ff.
[2] BALFOUR, loc. cit.
[3] CALBERLA loc. cit.
[4] SCOTT & OSBORN, loc. cit.
[5] BALFOUR, Quarterly Journ. Micr. Sc. July 1879, pag. 422.
[6] HENSEN, Zeitschr. für Anat. u. Entwick. Bd. 1 pag. 316.

füllten holoblastischen Eiern sind die Verhältnisse etwas verändert. Die Bildung des Mesoderms ist beschleunigt, während die Chordabildung davon nicht betroffen wird. Bei Triton ist die Entstehungsweise der Chorda fast durchaus dieselbe wie bei Amphioxus und das Lumen der Urdarmhöhle setzt sich unmittelbar in die Anlage der Chorda fort, während die Abschnürung und radiale Anordnung der Zellen an den Zustand bei Amphioxus erinnern. Bei Petromyzon ist die Übereinstimmung nicht so deutlich ausgeprägt, weil die Modifikationen der Bildungsweise des Medullarrohres eine Veränderung der Chorda veranlasst haben; aber der einzige Unterschied liegt doch nur darin, dass durch Druckwirkung von Seite des Rückenmarkes die Chorda als ein flacher Strang abgeschnürt wird und dadurch kein Lumen erhält. Bei den Selachiern und Knochenfischen wird derselbe Effekt durch die vermehrte Menge des Dotters erzeugt und die Chorda entsteht als eine solide Anlage.

Das von allen niederen Gruppen abgegebene Zeugnis zeigt die Chorda als entodermales Organ. Die einzigen höheren Abtheilungen, bei welchen wir eine zusammenhängende Geschichte des Organes besitzen, Säugethiere und Eidechsen, stimmen mit dieser Angabe ganz überein. Auf der anderen Seite sind die einzigen Beispiele, welche für die entgegengesetzte Ansicht angeführt werden können, zweifelhaft und unvollkommen, und diese Beispiele sind alle die Batrachier ausgenommen' von den höheren am meisten modificirten Abtheilungen genommen.

Ferner besitzt ein homologes Organ außerhalb des Wirbelthierstammes ebenfalls eine Entstehung aus dem Entoderm. d. i. die Chorda bei den Ascidien, wie die Untersuchungen KOWALEVSKY's und KUPFFER's gezeigt haben. Wir haben also wenigstens eine Form aus jeder der großen Abtheilungen der Vertebraten, bei welcher die Chorda eine entodermale Entstehung hat; auf der anderen Seite keine, bei welcher unbezweifelbare Beobachtungen für die Entstehung der Chorda aus Mesoderm vorlägen. Somit erscheint die BALFOUR'sche Ansicht weitaus am sichersten begründet.

Ein ähnlicher Fall, in welchem die früher allgemein herrschende Ansicht von mesodermaler Entstehung plötzlich als unhaltbar erschien, ist die Frage der Bildung der Nerven, welche, wie die Untersuchungen von BALFOUR zuerst bewiesen, nur aus Ektoderm sich entwickeln.

Der Darmkanal.

Die erste Anlage des Darmkanals wird durch die schon erwähnte Einstülpung des Blastoderms gebildet, welche die Furchungshöhle verdrängt und eine neue spaltähnliche Höhle bildet (Taf. VIII Fig. 11 *U D*, 12—21 *U D*). Diese ist die Urdarmhöhle, welche theilweise zur bleibenden Verdauungskavität sich entwickelt und theilweise später verdrängt wird. Bei ihrer ersten Entstehung ist die Höhle ein enger, vorn blind endender Kanal, welcher eben da am breitesten ist, hinten durch den Rusconi'schen After (Blastoporus) nach außen mündet. Dicht an dem Blastoporus ist die Höhle ganz breit, aber in der mittleren Gegend bildet sie nur eine Spalte, die bei manchen Embryonen kaum wahrzunehmen ist. Nach oben und vorn ist diese Höhle von den eingestülpten Entodermzellen begrenzt, nach unten von der oberen Reihe der Dotterzellen, welche eine epithelähnliche Anordnung annehmen, die aber bei Weitem nicht so regelmäßig wie die der eingestülpten Zellen ist. Die vordere Wand des blinden Kanalendes und auch möglicherweise etwas mehr, ist durch eingestülpte Entodermzellen gebildet. Mit dem Beginn des Wachsthums des Kopfes bilden die Zellen die ganze Wandung der Kopfdarmhöhle. Im Kopf finden wir nur diejenigen Theile der Keimblätter, welche auf die primitivere Weise, nämlich durch Einstülpung gebildet werden, und in dieser Gegend wird die Urdarmhöhle zum Lumen des bleibenden Darmes

Der Kopf wird zunächst durch eine seichte Einsenkung des Ektoderms am vorderen Ende des Blastoderms unterscheidbar Taf. VIII Fig. 11 *KE*), welche tiefer wird und einen knopfähnlichen Fortsatz vom Blastoderm abschnürt. Der Fortsatz wächst immer länger und krümmt sich um das Ei. Dieser Fortsatz ist der Kopf 's. M. Schultze Taf. IV Fig. 8 und 9'.

Im mittleren Theil des Körpers ist die Darmhöhle sehr klein, da sie durch die große Menge der Dotterelemente verdrängt wird, ja, in den späteren Stadien des embryonalen Lebens ist das Lumen ganz verschwunden, worauf schon Calberla aufmerksam gemacht hat.

Der Vorderdarm. Diese Abtheilung entsteht durch die Abschnürung und das Hervorwachsen des Kopfes über den Rumpftheil und bildet jenen Theil des Darmes, welcher zwischen dem Leberdivertikel hinten und dem Mund vorn liegt. Bei ihrer ersten Entstehung ist diese Abtheilung verhältnismäßig klein, selbstverständlich von geringerem Durchmesser als der von Dotterzellen erfüllte und mächtig ausgedehnte Mitteldarm. In einem ziemlich frühen Stadium sondert sich der Vorderdarm durch die Bildung der Kiemenspalten in zwei Theile, von denen der vordere den Pharynx und den großen Kiemenapparat bildet, der hintere durch die Entstehung der Leber, des Herzens und der Kopfniere beschränkt wird, so dass er zur Vergrößerung seines Umfangs keinen Platz hat. Während die anderen Darmtheile mit dem Wachsthum des Körpers gleichen Schritt halten, bleibt dieser Theil ziemlich lange Zeit hindurch von fast derselben Größe; die absolute Größe ist schon bei Embryonen des 17. Tages fast dieselbe wie bei Ammocoetes von 7,5 mm Länge.

Der vom Mund bis zum hinteren Ende des Kiemenkorbes reichende Theil des Vorderdarmes ist einer der wichtigsten und charakteristischsten Theile des ganzen Organismus. Bei seiner ersten Entstehung ist dieser Theil des Kanals, wie schon gesagt, nach vorn blind geschlossen und nur von den eingestülpten Entodermzellen gebildet. Er entbehrt der scharfen Abgrenzung von der hinteren Abtheilung des Vorderdarms. Die erste Differenzirung am Pharynx ist die Bildung der Kiemenspalten. Diese entstehen ganz wie es Balfour bei den Selachiern beschrieben hat, als entodermale Divertikel, welche die Mesodermplatten des Kopfes theilen und gegen das Ektoderm rücken Taf. X Fig. 36, 37 u. 38 *KN*. Die Zellen beider Lagen d. h. des Ektoderms und Entoderms werden alsdann an der Berührungsstelle resorbirt, und eine Spalte ist die Folge. Die Kiemenspalten sind also durchaus entodermale Gebilde, bei deren Entstehung das Ektoderm eine ganz passive Rolle spielt. Später entsteht eine kleine Grube um die Spalte durch eine seichte Einsenkung des Ektoderms; diese Grube hat nichts mit der eigentlichen Spalte zu thun, welche durchaus bis zum Rande mit Entoderm ausgekleidet ist. Jene Grube scheint M. Schultze gesehen zu haben. Jedenfalls nimmt er die Einleitung der Spaltbildung von dieser oberflächlichen Vertiefung aus an, und erwähnt nur die Möglichkeit, dass die Schlundhöhle Ausstülpungen gegen die äußeren Einsenkungen aussende. Die Unvollkommenheit der Untersuchungsmethode erklärt diesen Irrthum. Die erste Spalte scheint am 13. Tag nach der Befruchtung gebildet zu werden, wenigstens habe ich keine Spuren davon früher auffinden können. Die Bildung der Spalten schreitet von vorn nach hinten fort und schon am 16.—17. Tag hat der Embryo acht Paar Kiemenspalten.

Diese wichtige Entdeckung, dass Ammocoetes acht Paar Spalten hat, verdanken wir Huxley[1], dessen Angabe ich völlig

---

[1] Proc. Roy. Soc. No. 157, 1875. pag. 129.

bestätigen kann s. Taf. X Fig. 35 *KS 1—8*. Die erste Spalte ist um so interessanter als sie die Petromyzonten mit den niedersten Selachiern (z. B. Heptanchus) in Einklang bringt und die Vergleichung der Kopftheile in beiden Gruppen erleichtert. Das erste Spaltenpaar, bei den Selachiern das Spritzloch bildend, bei den höheren Vertebraten die Tuba Eustachii, geht bei den Cyclostomen zu Grunde, ohne eine Spur zu hinterlassen. Aus dem Bestehen dieser acht Spalten wird wahrscheinlich, dass die gemeinsame Stammform der Selachier und Cyclostomen acht Paar Kiemenspalten besaß; bei den Selachiern, wie bei den höheren Wirbelthieren, wird das erste Spaltenpaar modificirt und erlangt eine neue Funktion, bei den anderen, den Cyclostomen, geht es einfach zu Grunde. Dieses deutet darauf, dass der embryonale Zustand von Heptanchus ein sehr primitiver und die größere Zahl der Spalten nicht etwas erst innerhalb des Selachierstammes Erworbenes ist. Die erwähnte hypothetische Stammform können wir Octotrema nennen; wir werden später uns auf dieselbe beziehen.

Das erste Paar Spalten ist, nach HUXLEY, das hyomandibulare Paar: die Verhältnisse der Nerven machen das zweifellos. Vor diesem rückgebildeten Paar sind keine Andeutungen von Kiemenspalten zu finden; der Mund, das Auge, die Nase, liegen alle vor der vordersten Grenze des Entoderms und haben keine entodermalen Elemente in sich aufgenommen. Petromyzon liefert keinen Grund zur Vermuthung, dass zu irgend einer Zeit bei den Wirbelthierahnen Kiemenspalten vor dem jetzigen ersten Paar vorhanden waren.

Während des ganzen embryonalen Lebens giebt es keine Andeutung von Kiemenblättchen oder irgend Komplikationen des Apparates. Zur Zeit des Ausschlüpfens also bestehen die Respirationsorgane einfach aus den acht Paaren Kiemenspalten.

Der Mund. Eigentlich sollten wir dieses Organ mit dem Ektoderm behandeln, da es aber die innigsten Beziehungen zum Vorderdarm hat und seiner Funktion nach ein Theil des Darmkanals ist, so wird die Entwicklung des Mundes zweckdienlicher hier zu betrachten sein. Der Mund bildet eine Einbuchtung des Ektoderms. Sein allererstes Stadium habe ich nicht gesehen und auf der ersten von mir gesehenen Stufe erscheint der Mund als eine seichte blinde Einsenkung der äußeren Haut auf der unteren Seite des Kopfes und durch einen kleinen Fortsatz von der schon vorhandenen Nasengrubenanlage getrennt. Die Bucht läuft nach oben und hinten (Taf. IX Fig. 31 *MB* gegen das blinde vordere Ende des Darmkanals; sie wird allmählich tiefer und berührt das Entoderm. In diesem Stadium ist die Richtung der Längsachse des Mundes so schief, dass Querschnitte durch den hinteren Theil der Einstülpung dieselbe nach unten geschlossen zeigen. Die Stelle, wo die Mundbucht das blinde Ende des Darmkanals berührt, bildet eine zweischichtige Membran, die Rachenhaut, welche später resorbirt wird um eine Kommunnikation zwischen Mund und Darm entstehen zu lassen. Die histologischen Beziehungen der Bucht sind sehr einfach: das erste von mir gesehene Stadium zeigt Taf. IX Fig. 34, eine einzige Schicht Ektodermzellen, welche viel höher geworden sind als die übrigen Zellen des äußeren Keimblattes; später werden diese Mundzellen flacher und flacher bis sie weit niedriger als die übrigen sind. Die den Mund auskleidenden Zellen bleiben immer einschichtig, obgleich das Hautektoderm sich ziemlich früh in dem Larvenleben in zwei Lagen theilt. Diese Theilung findet bei Ammocoetes von 12—15 mm Länge statt.

Nach MAX SCHULTZE ist der Mund eine Einstülpung von außen an einer dicht hinter dem vorderen Körperende an der Bauchseite gelegenen Stelle. Unmittelbar hinter dieser Stelle erfolgt eine Einbiegung der Haut nach innen, welche jedoch nur auf der rechten Seite des Thieres sichtbar ist und nach einiger Zeit gänzlich verschwindet. Seine Figuren 1 und 5 Taf. V zeigen diese Eigenthümlichkeit. Sie erklärt sich daraus, dass die von SCHULTZE als Mund gedeutete Einstülpung die Anlage der Nasengrube ist, während die hintere Einsenkung den Mund bildet. Warum diese Einstülpung nur auf der einen Seite erschien bleibt mir unverständlich.

Die Entstehung des Mundes ist eine der bestrittensten Fragen der Morphologie und manche Hypothesen sind über seine Veränderungen aufgestellt worden. Diejenigen, welche die Wirbelthiere von den Anneliden abstammen lassen, nahmen meistens die Entstehung eines neuen Mundes innerhalb des Vertebratenstammes an, weil bei den Anneliden der Schlund das Centralnervensystem durchbohre. Sie glauben, dass der jetzige Mund sich aus einem Paar Kiemenspalten entwickelt hat oder aus Kiemenspalten und einer Einstülpung (MARSHALL [1]). SEMPER [2] hingegen meint, dass es ein primitiver Mund an der Bauchseite (hamal side) des Oberschlundganglions war, wel-

[1] The Morphology of the Vertebrate olfactory Organ. Quart. Journ. Microse. Se. 1879, pag. 339.
[2] Die Verwandtschaftsbezieh. der gegl. Thiere. Arb. aus dem zool.-zoot. Inst. zu Würzburg 1876.

44

eher den Mund der Vertebraten und Turbellarien und die Rüssel-
öffnung der Nemertinen vorstellt, dass aber bei den Anneliden und
Nemertinen ein neuer Mund an der Rückenseite (neural side) entstanden ist. GEGENBAUR[1] und BALFOUR[2] leiten die Wirbelthiere von
ungegliederten Formen ab und nehmen den jetzigen Mund als primitiven an.

Wenn wir erörtern, welche von diesen Ansichten durch die On-
togenie der Petromyzonten begünstigt werde, dürfen wir nicht ver-
gessen, dass die allerfrühesten Stadien der Mundbildung unseres
Thieres auf einen sehr primitiven Zustand hindeuten. Die Entwicklung
des Mundes bei Petromyzon zeigt keine Betheiligung der Kiemenspalten an derselben, dagegen wird der Mund als einfache Einstülpung
des Ektoderms gebildet. Das Entoderm giebt keine Andeutungen, dass
es je zu einer Zeit eine weitere Ausdehnung nach vorn hatte und
wir finden keine Spur eines anderen Mundes. Petromyzon also zeigt
uns den jetzigen Mund auch als den ursprünglichen. Die einzige
Art, auf welche ein Mund entstehen konnte (abgesehen von den zwei-
felhaften Fällen wo der Blastoporus denselben bildet, ist eine Durchbrechung der Wandung der Gastrula entweder durch eine Ausstülpung
des Entoderms oder Einstülpung des Ektoderms. Den letzteren Modus
finden wir fast allgemein verbreitet, den ersten gar nicht; der einzige
Unterschied, welchen wir von diesen ursprünglichen Modis bei den
Wirbelthieren treffen, liegt darin, dass die frühzeitige Entwicklung des Kopfes und besonders die mächtigere Ausbildung der vorderen Kopftheile eine tiefere Einbuchtung verursacht haben. Da das
Volum des Kopfes bei Petromyzon erst später ansehnlich und nie
so ausgeprägt wird wie bei den höheren Thieren, zeigt dieses Thier
eine sehr primitive Bildungsweise.

MARSHALL loc. cit. meint, dass das Ektoderm früher eine weitere
Ausdehnung nach vorn hatte und stützt dieses auf die große Krümmung des vorderen Endes der Chorda bei den Selachiern und auf
Divertikel des Darmkanals, welche bei einigen Knochenfischen gegen
die Nasengruben zu verlaufen Taf. X Fig. 33. Die Krümmung
der Chorda findet zu einer Zeit statt, da die Chorda keinen Zusammenhang mit dem Entoderm mehr besitzt und von Mesodermzellen
umgeben ist. Was die Krümmung bedeutet, ist schwierig zu entscheiden; sie ist bis jetzt nur bei den Selachiern beobachtet worden.

[1] Jenaische Zeitschrift Bd. VI pag. 551.
[2] Elasmobranch Fishes pag. 170.

Jedenfalls hat sie nichts mit einer Zurückziehung des Entoderms zu thun. Auch die erwähnten Divertikel bei den Knochenfischen geben keinen Grund für jene Annahme, da nicht einmal sicher ist, ob sie ektodermal oder entodermal sind. MARSHALL sagt: »that there do exist diverticula of the alimentary canal towards the olfactory organs«. Der Darmkanal, als physiologisches Ganzes, besteht aber aus morphologisch verschiedenen Theilen.

Unser Thier giebt uns also keinen Grund zu glauben, dass sein Mund neu erworben oder wesentlich verändert worden sei und ferner zeigt er keine Spur einer entodermalen Betheiligung an seiner Bildung. Überhaupt bestehen gar keine positiven Thatsachen davon, dass bei Wirbelthieren eine mehrfache Mundbildung vorhanden wäre, und alle darauf abzielende Hypothesen sind als unbegründete anzusehen.

Der Mitteldarm. Über den embryonalen Zustand dieser Darmabtheilung ist nur wenig zu sagen. Während des ganzen embryonalen Lebens wird sie von Dotterzellen ausgefüllt, die erst später resorbirt werden. Die eigentliche Urdarmhöhle ist in dieser Gegend immer sehr klein, und kurz nach ihrer Entstehung wird sie fast gänzlich verdrängt, obgleich später an derselben Stelle ein Lumen erscheint. Hier aber wird, wie schon hervorgehoben, die Urdarmhöhle nicht zum Lumen des bleibenden Darmes. Die Vorgänge, welche diese Abtheilung verändern, finden ziemlich früh im Larvenleben statt.

Enddarm und After. Die von LANGERHANS [1] und SCHNEIDER [2] als Hinter- oder Enddarm bezeichnete Abtheilung ist in der Larve dadurch charakterisirt, dass die Klappe, welche durch die ganze Länge des Mitteldarms verläuft, hier plötzlich aufhört. Die frühesten Stadien des Hinterdarms weichen keineswegs von denen des Mitteldarms ab: er ist anfänglich ebenfalls mit Dotterzellen ausgefüllt, welche früher als die des Mitteldarms resorbirt werden. Dieses steht in Beziehung zu der Entwicklung der Excretionsorgane, welche noch während des Embryonallebens eine Mündung nach außen entwickeln Taf. X Fig. 34 ED und Taf. IX Fig. 26 und 27 ED, während der Mitteldarm noch mit Dotter ausgefüllt ist.

Durch die Bildung des Afters wird der Enddarm in zwei Theile getrennt, von denen der hintere Abschnitt den postanalen Darm, der

[1] Untersuch. über Petrom. Pl. Verh. der Naturf. Ges. zu Freiburg. Bd. VI 1873. pag. 11.
[2] Beitr. zur Anat. u. Entw. der Wirbelthiere. Berlin 1879.

vordere Abschnitt den bleibenden Enddarm bildet, ganz wie es von Götte[1] für die Amphibien, von Balfour für die Selachier beschrieben worden ist.

Uber die Entstehung des Afters giebt es zwei verschiedene Angaben. Max Schultze und Calberla[2] geben an, dass der Blastoporus Rusconi'scher After) definitiv in den bleibenden After übergehe, während Benecke behauptet, dass der Blastoporus sich schließe und eine Neubildung des Afters stattfinde. Diese letztere Ansicht kann ich bestätigen. Es würde höchst erstaunlich sein, wenn der Blastoporus persistiren sollte, wie es bei keinem anderen Wirbelthier der Fall ist, auch nicht bei Amphioxus. Wie schon Max Schultze's Abbildungen deutlich zeigen (Taf. III Fig. 2, 3, 4 a), schließt sich das Medullarrohr über und um den Blastoporus, und so entsteht, wie Calberla schon gesehen hat, der so allgemein verbreitete Canalis neuro-entericus. In früheren Stadien ist der Gang, wie Calberla sagt, durch einen soliden Strang dargestellt (Taf. X Fig. 34 CNE). Später wird derselbe hohl. Es bleibt mir jedoch noch ungewiss, ob der Gang zu je einer Zeit wirklich solid ist, oder ob die von uns gesehenen und abgebildeten Schnitte denselben etwas seitlich getroffen haben. Jedenfalls wird er später zweifellos hohl. Was Max Schultze irrleitete, war wohl die Nähe des neuen Afters am Blastoporus, dass aber ein neuer wirklich entsteht ist zweifellos. Der Darmkanal sendet eine Ausbuchtung gegen die äußere Haut, welche eine Papille bildet; die Durchbrechung derselben scheint etwa am 20. Tage stattzufinden. Auch bei Petromyzon hat, wie bei den Selachiern, das Ektoderm eine ganz geringe Betheiligung an der Bildung der Kloake; ich kann jedoch nicht mit Sicherheit sagen wie weit diese Betheiligung geht. Taf. X Fig. 34 zeigt ein dem entsprechenden Stadium der Selachier und Amphibien sehr ähnliches Verhalten.

Die postanale Abtheilung des Darmes, bei Ammocoetes von 18 mm Länge noch sehr deutlich, verschwindet etwas später gänzlich. Sie zeigt keine solche Bildungen und Erweiterungen wie sie Balfour bei Selachiern beschreibt, aber wie bei diesen Fischen scheint diese Abtheilung des Darmes bei Petromyzon kein Organ des erwachsenen Thieres vorzustellen. Balfour stellte die Ver-

---

[1] Entwickl. der Unke Taf. II Fig. 39.
[2] Morphol. Jahrb. Bd. III pag. 247.

muthung [1] auf, dass der postanale Darm möglicherweise der Allantois der höheren Thiere entspräche. Petromyzon selbst bringt gar kein Licht in diese Frage: die Vermuthung scheint aber nicht recht begründet zu sein, weil das Homologon der Allantois schon bei den Amphibien vorhanden ist, welche Thiere auch den postanalen Darm besitzen.

Wir finden also in den allgemeinen Verhältnissen des Afters und des Blastoporus der Petromyzonten einen sehr engen Anschluss an die übrigen Wirbelthiere. Was der Schluss des Blastoporus und die Neubildung des Afters eigentlich bedeuten, sind wir noch nicht im Stande zu entscheiden.

Anhangsorgane des Darmes. Die einzigen drüsenartigen Bildungen, welche während des embryonalen Lebens von Petromyzon erscheinen, sind die Schilddrüse und die Leber. Beide Organe erreichen während jener Zeit keine hohe Stufe der Entwicklung, es erscheinen nur die ersten Anlagen derselben, welche jedoch einige Bemerkungen erfordern.

Schilddrüse. Die späteren Stadien der Thyreoidea bei Petromyzon sind mehrfach untersucht worden: die erste richtige Angabe über die Entstehung derselben verdanken wir den Untersuchungen von W. Müller[2], nach welchen die Drüse zuerst als Hypobranchialrinne erscheinend, als eine Ausstülpung des ventralen Abschnittes der Kiemenhöhle gebildet wird. Sie stellt dann eine längliche Rinne vor, welche nach Calberla[3] Schleim secernirt. Die einzige beim Embryo stattfindende Veränderung ist die Verengung des Ausführungsganges und die Verdickung des den Boden der Rinne bildenden Epithels. Schon Max Schultze hat die Wimperung dieses Organes gesehen und seine Angaben sind von allen späteren Forschern bestätigt worden. Diese Bildungsweise der Schilddrüse kann ich völlig konstatiren Taf. IX Fig. 29 Th.

Max Schultze meinte, dass die Leber »durch Abschnürung eines Theiles des Dotterkernes dicht hinter dem Herzvorhof« entstehe, dass »sie direkt durch Umwandlung der großen Zellen des Dotterkernes in kleinere durchsichtigere sich zu bilden« scheine. »Jedenfalls enthält die Leber zunächst keine Höhlung, sondern besteht aus einem

[1] Elasmobranch Fishes p. 221 und Prelim. acit se. Quart. Journ. Microsc. Sciene. 1874.
[2] Jenaische Zeitschrift Bd. VII pag. 330.
[3] Amtl. Ber. der 50. Versamml. der deutschen Naturforscher. München 1877 pag. 188.

soliden Zellenhaufen. An Schnittpräparaten sehen wir, dass diese durch Betrachtung von der Oberfläche gewonnenen Angaben nicht ganz richtig sind. Die erste Anlage der Leber ist eine Ausbuchtung des den Darmkanal auskleidenden Entoderms, welche die von MAX SCHULTZE angedeutete Stelle, resp dicht hinter dem Herzen, einnimmt. Ihre hintere Wand wird zuerst durch die Dotterzellen gebildet, *so dass die Leberanlage genau die Grenze zwischen Vorder- und Mitteldarm anzeigt.* Mit der fortschreitenden Abschnürung des Kopfes bekommt die Ausbuchtung eine selbständige hintere Wandung. Ob diese Wand von den umgewandelten Dotterzellen gebildet wird, wie es wahrscheinlich ist, kann ich nicht bestimmt entscheiden. Jedenfalls sind alle die Zellen, welche an der Entwicklung der Leberanlage betheiligt sind, durchaus entodermal. Diese Beobachtungen stimmen auch mit denen von BALFOUR über die Selachier und denen von GÖTTE über die Amphibien ganz überein.

Etwas später (etwa am 18. Tage) zeigt die Leberanlage auf dem Querschnitte ein dem bei den Selachiern zu findenden sehr ähnliches Bild Taf. IX Fig. 30 L; vergl. auch BALFOUR op. cit. Plate XI Fig. 9. Die Anlage hat zwei laterale Divertikel, welche in einen gemeinsamen Kanal einmünden und dieser Kanal, welcher später den Gallengang bildet, ist jetzt noch ein Theil des Lumens des Darmes. Der mediane ventrale Anhang der Anlage, welchen die Selachier besitzen, fehlt bei den Petromyzonten.

Viertes Kapitel.
Das Ektoderm.

Wir betrachten hier die Entwicklungsvorgänge der ektodermalen Organe, besonders die des Centralnervensystems. Die Entwicklung der Haut und der Sinnesorgane behandeln wir hier nur in Kürze.

Die Haut.

Während des ganzen Verlaufs des embryonalen Lebens bleibt das den Körper überziehende Ektoderm einschichtig und erleidet keine großen Veränderungen; gleich nach der Einstülpung des Blastoderms, welche die Urdarmhöhle und damit die Keimblätter differenzirt, besteht das obere Blatt aus hohen, etwas unregelmäßigen Zellen mit großen deutlichen Kernen. Die Zellen sind höher an der

dorsalen Fläche des Embryo, wo etwas später die Rückenmarkanlage
erscheint. Sie sind den Ektodermzellen aus dem entsprechenden
Stadium von Triton auffallend ähnlich, jedoch nicht ganz so regelmäßig angeordnet. Abgesehen von den das Rückenmark betreffenden Vorgängen, bleiben die Ektodermzellen in fast demselben Zustand
bis zu einem frühen Stadium des Larvenlebens; sie werden aber
allmählich abgeplattet, und mit der zunehmenden Größe des Embryo
wird die Ektodermlage dünner, wobei die Zellen sich durch Theilung
vermehren. Die Lage ist nicht nur verhältnismäßig sondern auch
absolut dünner bei großen als bei kleinen Embryonen. Mit dieser
Veränderung nehmen die Zellen allmählich eine quadratische Gestalt und regelmäßigere Anordnung an. In der dorsalen Mittellinie,
wo das Centralnervensystem eine Hervorragung der äußeren Haut
veranlasst, sind die Zellen besonders abgeflacht. Da die Anlagen
sämmtlicher Sinnesorgane schon innerhalb des Eies erscheinen, so
werden sie selbstverständlich aus dem noch einschichtigen Ektoderm
gebildet, eine Thatsache, welche wichtig ist für die richtige Beurtheilung der Frage, ob das Ektoderm der Vertebraten ursprünglich eine einschichtige oder mehrschichtige Lage ist. Diese Frage
ist schon in einer früheren Abhandlung[1] besprochen worden, und
das Studium der Entwicklungsgeschichte hat mir keinen Grund gegeben, die dort angenommene Ansicht aufzugeben, nämlich, dass der
ursprüngliche Zustand des oberen Keimblattes ein einschichtiger ist.

Das Centralnervensystem.

MAX SCHULTZE macht einige kurze Angaben über die Bildung
des Gehirns und Rückenmarks, nach welchen dieselben ganz wie
bei den meisten Vertebraten entstehen, d. h. durch die Bildung von
Medullarwülsten, welche sich zusammenschließen, um ein Medullarrohr herzustellen; dieses wird dann von dem übrigen Ektoderm abgeschnürt. Nach dem Ausschlüpfen der Larve aus dem Ei bildet das
Centralnervensystem einen vorn keulenförmig angeschwollenen Strang.
Die Anschwellung ist das Gehirn, welches aber keinerlei Abgrenzung in einzelne Lappen zeigt, wie sie bei der Entstehung des
Hirns der übrigen Wirbelthiere schon sehr früh wahrgenommen werden. Er meint, dass dieses Gehirn dem von Amphioxus gleiche;
ob es eine Höhlung einschließt, konnte er bei der Undurchsichtig-
keit der Körperwandungen nicht entscheiden.

[1] SCOTT und OSBORN loc. cit. pag. 461.

Owsjannikow [1] giebt an, dass die Bildung des Rückenmarkes ganz wie beim Frosch und Hühnchen vor sich gehe. »Nachdem die Rückenmarksfurche sich geschlossen hat, erhebt sich der Embryo über den Dotter als eine ziemlich hohe, stark von den Seiten komprimirte Leiste. Querschnitte vor dem Schluss der Rückenmarksfurche zeigen, dass die Embryonalanlage aus 3 Schichten besteht.«

Die ersten richtigen Angaben über die Bildungsweise des Medullarrohres bei Petromyzon verdanken wir den Untersuchungen von Calberla [2], die ich vollkommen bestätigen kann. Seine Beobachtungen betreffen aber nur die früheren Stadien. Wie schon die von Max Schultze gegebenen Abbildungen zeigen, erheben sich auf der dorsalen Seite des Eies zwei niedrige Wülste, welche eine seichte mediane Furche einschließen, nach hinten laufen diese Wülste um den Blastoporus und schließen denselben ein. Sie werden von der Oberfläche deutlich abgegrenzt und dadurch wird die Rinne tiefer ,Taf. VIII Fig. 12 MR. Die Medullarwülste schließen durch ihr Zusammenwachsen' bald die Rinne und derselbe Vorgang findet um den Blastoporus statt: sie verengern allmählich die Öffnung desselben wie in Schultze's Abbildungen Taf. III Fig. 3, 4a und 5 deutlich zu sehen ist, und schließen endlich den Eingang ganz. Auf diese Weise wird der schon oben erwähnte Gang zwischen Darmkanal und Medullarrohr gebildet, ganz wie Kowalevsky für Amphioxus, die Selachier und die Störe nachgewiesen hat. Die morphologische Bedeutung dieses Ganges ist sehr schwierig festzustellen und bis jetzt giebt es keine genügende Erklärung dafür. Es ist leicht zu sehen, dass dieser Gang eine nothwendige Folge der Umschließung des Blastoporus von den Rückenwülsten und des Schlusses derselben ist. Vielleicht besteht hier ein caenogenetisches Verhältnis zweier ursprünglich unabhängiger Organe.

Die im Bereiche der Rückenfurche liegenden Ektodermzellen werden verändert und beginnen sich in äußerliche kleinere und innerliche größere Zellen zu theilen. Auf Querschnitten sehen wir die Rückenfurche eine Einbuchtung gegen das Entoderm bilden und treffen die dort befindlichen Zellen meist koncentrisch gegen die Furche gerichtet. Im nächsten Stadium bilden die Ektodermzellen einen starken Kiel ,Taf. VIII Fig. 14 MR gegen das Entoderm und zei-

[1] Die Entw. des P. fluv. Bull. de l'Acad. de Sc. de St. Pétersbourg. XIV. Bd. 1870. pag. 325.
[2] loc. cit.

gen zwei deutliche Schichten, von denen die äußere an das Mesoderm grenzende eine Fortsetzung des den Körper überziehenden allgemeinen Ektoderms ist; die innere Schicht kleidet die Rückenfurche aus und ihre Zellen stoßen ganz dicht an einander. Die Rinne selbst, d. h. die Berührungsfläche der entgegengesetzten Seiten der inneren Schicht ist eine deutliche, fast gerade Linie (Taf. VIII Fig. 14). Dieser Ektodermkiel ist die erste Anlage des Medullarrohres und bei Petromyzon wie bei den Knochenfischen ist die Anlage ein solider Strang. Der nächste Vorgang ist die Abschnürung der Anlage des Rückenmarkes von dem übrigen Ektoderm, welcher Vorgang mit der Erhebung des Kopftheils des Embryo vom Ei vollendet ist. Das Ektoderm überzieht in einfacher Schicht die Oberfläche des Embryo. Auf dem Querschnitt ragt das Rückenmark erheblich über die Oberfläche des Eies hervor, und bildet einen deutlichen von der Oberfläche zu sehenden Wulst. Die Anlage ist noch solid, von regelmäßig ovaler Gestalt und wird von kleinen unregelmäßigen Zellen zusammengesetzt. Die gerade Linie, in der Zellen der entgegengesetzten Hälften einander berühren, ist etwas ausgeprägter. Beide an diese Linie grenzende Zellschichten fangen jetzt an aus einander zu weichen und so entsteht an der Stelle der früheren Linie eine schmale Spalte. Bald stellt die Rückenmarksanlage ein auf dem Querschnitt ovales Rohr dar, dessen innerste, das längsovale Lumen begrenzende Zellschicht, wie oben ausführlich dargelegt, von der äußeren des primären Ektoderms abstammt. Ganz wie bei Triton und den Selachiern liegt die erste Theilung des Ektoderms im Bereiche des sich bildenden Rückenmarkes und auch bei Amphioxus findet die einzige Ektodermtheilung, die es überhaupt giebt, in dieser Gegend statt.

Die Bildung des Medullarrohres bei Petromyzon ist von der der übrigen Wirbelthiere verschieden; die Verschiedenheit ist aber nur scheinbar. Sie besteht darin, dass bei den höheren Vertebraten (die Knochenfische ausgenommen) das Medullarrohr durch die Entwicklung zweier Falten gebildet wird, welche zusammenwachsen und dabei einen Kanal umschließen, dessen Lumen gleichzeitig mit der Wandung entsteht, während bei Petromyzon die Falten zusammengedrängt sind und das Medullarrohr einen nach innen vorspringenden Kiel bildet, welcher auch nach seiner Abschnürung von dem übrigen Ektoderm ein solider Strang ist und erst später durch das Auseinanderweichen der Zellen ein Lumen zeigt. Wie CALBERLA ausführlich gezeigt hat, ist das Verhalten der beiden Ektodermschichten zu einander und zum übrigen Ektoderm genau dasselbe wie bei den übrigen Vertebraten. Es ist auffallend, dass bei den Teleostiern derselbe Vorgang stattfindet. CALBERLA kommt aber mit Recht zu dem Schlusse, dass: »die Entwicklung des Rückenmarkes und seines Centralkanales bei den Teleostiern und Petromyzonten keineswegs fundamental von der bei den übrigen Wirbelthieren beobachteten Entwicklungsweise verschieden ist«.

Wenn wir die Medullarfalten eines Wirbelthieres nach innen sich drängen lassen, so bekommen wir das gleiche Verhalten, wie es bei Petromyzon und den Knochenfischen waltet, die Verhältnisse der Zellen sind gleich, indem die äußere Schicht des Ektoderms die Auskleidung des Kanals bildet. In einem Punkt aber müssen wir von CALBERLA abweichen. Er meint, dass bei Petromyzon wie bei den übrigen Vertebraten die Abschnürung des Medullarrohres durch Wucherungen des Mesoderms erfolgt. Mit dieser Voraussetzung ist es sehr schwierig zu verstehen, wie ein solches Bild, wie seine Fig. 15, entstehen konnte, wo das schon vollkommen abgeschnürte Rohr weit über die Mesodermplatten vorragt und einen prominirenden Wulst an der dorsalen Oberfläche bildet. Dasselbe ist auch bei Triton und den Selachiern der Fall: wir müssen daraus schließen, dass die Abschnürung des Rückenmarkes nicht von dem Mesodermwachsthum bedingt wird, sondern dass dieselbe ein *selbständiger Vorgang* ist.

Die Differenzirung des Rückenmarkes schreitet bei Petromyzon von vorn nach hinten fort, wie es auch bei der Chordaentwicklung der Fall ist. Der vordere Theil des Rückenmarkes ist erheblich größer als der hintere, und wird völlig von dem Ektoderm getrennt bevor der hintere Theil eine Spur dieser Trennung zeigt. Zu der Zeit, in welcher der Centralkanal auftritt, ergeben sich Unterschiede an den verschiedenen Strecken des Rückenmarkes; hinten wird der Kanal verhältnismäßig viel weiter als vorn, in Folge dessen ist die Wandung weit dünner als vorn und scheint aus alternirenden keilförmigen Zellen zu bestehen: die Undeutlichkeit der Zellgrenzen macht die genaue Feststellung der histologischen Verhältnisse unmöglich. Jedenfalls sind die beiden Zellenreihen, welche vorn so deutlich sind, hier wenigstens zweifelhaft Taf. VIII Fig. 20 *MR*. Dieser Unterschied zwischen den vorderen und hinteren Theilen des Rückenmarkes dauert aber nicht sehr lange und bei Larven, auch schon bei reifen Embryonen, ist er nicht mehr bemerkbar.

Wie MAX SCHULTZE schon bemerkt hat, ist das Gehirn sehr einfach, es ist mir aber unbegreiflich, warum er dasselbe nach dem

Ausschlüpfen noch als so einfach angiebt. Gleich nach der Abschnürung des Centralnervensystems von dem übrigen Ektoderm liegt es
dicht unterhalb der Haut und stellt einen nach vorn kenlenförmig
angeschwollenen soliden Strang dar. Die Anschwellung ist das Gehirn,
welches noch keine Differenzirung in Vorder-, Mittel- und Hinterhirn
zeigt. Zu der Zeit wo das Auseinanderweichen der Wände des Rückenmarkes den Centralkanal bildet, erscheint der Kanal auch im Gehirn
und dort ist der Hohlraum viel größer als irgend wo anders, obgleich
die Gehirnwandung dicker als die des Rückenmarkes ist. Die Trennung des Gehirns in einzelne Abtheilungen findet ungefähr im gleichen Stadium wie die Bildung des Kanals statt und wird durch
seichte Einschnürungen zu Stande gebracht. Von den drei Abtheilungen ist die hintere weitans am längsten, während die vordere
den größten Querdurchmesser hat. Die Mittelhirnanlage ist kürzer
und breiter als das Hinterhirn, länger und schmaler als das Vorderhirn. *Die Wandung des Gehirns ist überall gleichmäßig* und zeigt
in diesem ersten Stadium weder Verdickungen noch Verdünnungen.
Ein ähnliches Verhalten ist durch BALFOUR für die Selachier bekannt.

Das zuerst auftretende höhere Sinnesorgan ist das Gehörorgan; es ist sogar in Frage, ob die Anlage dieses Organes nicht
schon vor der Differenzirung der Hirnlappen erscheint; jedenfalls
giebt es keinen bedeutenden Intervall. Das Gehörbläschen liegt dicht
am Hinterhirn und unmittelbar hinter demselben folgt der erste Urwirbel. Diese Anordnung ist eigenthümlich und von den bei Selachiern befindlichen Verhältnissen auffallend verschieden. Bei diesen
Fischen giebt es in dem entsprechenden Stadium einen weiten Zwi-
schenraum zwischen dem Gehörbläschen und dem ersten Urwirbel.
Bei ihnen ist auch das Hinterhirn die größte Hirnabtheilung. Bei
Petromyzon ist das Gehirn bei Weitem nicht so lang wie bei den
Selachiern und obgleich, wie WIEDERSHEIM[1] schon bemerkt hat, das
Hinterhirn das Mittel- und Vorderhirn zusammen an Länge über-
trifft, so ist doch diese Ungleichheit der Kleinheit der vorderen
Hirntheile und nicht der absoluten Größe des Hinterhirns zuzuschrei-
ben. Dieser sehr wichtige Unterschied muss hervorgehoben werden.
Was das eigenthümliche Verhalten der Lage des Gehörbläschens be-
trifft, so kann dieselbe erst später besprochen werden.

[1] Das Gehirn von Ammocoetes und Petromyzon Planeri. Jen. Zeitschrift 1880.

Wie bei den übrigen Wirbelthieren besteht das Gehirn zuerst aus drei einfachen Abtheilungen, welche, abgesehen von den Größenunterschieden, gleichmäßig und indifferent sind. Die erste Differenzirung ist die Bildung der Augenblasen, aus Ausstülpungen des Vorderhirns. Ich habe diese zuerst am 16. Tag aufgefunden und hier waren sie einfache hohle Knospen (Taf. X Fig. 40 *A B*), welche kurz über die Seitenoberfläche hervorragten. Die Anlage der Naseneinstülpung ist schon vorhanden und im Horizontalschnitt liegt das verdickte Riechepithel dicht an dem Gehirntheil, welcher die Augenbläschen aussendet. Manche Schnitte zeigen eine wirkliche Berührung zwischen der Anlage der Sehnerven und dem Riechepithel. Dieser Zustand dauert aber nicht lange, weil die vorderen Hirntheile rasch wachsen und so die Sehnerven nach hinten und unten rücken lassen.

Eine der auffallendsten Eigenthümlichkeiten des embryonalen Gehirns ist, dass es bei seiner ersten Bildung und einige Zeit später ganz gerade, ohne Tendenz einer Krümmung sich darstellt. Bei den Selachiern dagegen ist das Vorderhirn gleich nach dem Schlusse der Medullarfalten nach unten um eine durch das Mittelhirn gehende Achse gedreht. Eine Erklärung für diesen Unterschied finde ich in der weit größeren Entwicklung der Vorder- und Mittelhirntheile bei dieser Gruppe, welche die bei allen höheren Wirbelthieren zu treffende Kopfbeuge veranlasst. Zwischen dem 16. und 17. Tage des embryonalen Lebens tritt diese Kopfbeuge auch bei Petromyzon auf; sie wird vorzüglich durch das rasche Wachsthum des Mittelhirns verursacht. Diese Beuge ist jedoch immer verhältnismäßig klein und erreicht nie einen so hohen Grad wie z. B. bei den Selachiern. Das Maximum ist ungefähr ein rechter Winkel, welcher kurz vor dem Ausschlüpfen des Embryo erreicht wird (Taf. X Fig. 33). Eine Drehung in der umgekehrten Richtung fängt gleich nachher an und ist schon bei reifen Embryonen zu sehen. Das Gehirn gewinnt also bis zu dem Stadium, zu welchem wir die Entwicklungsdarstellung zunächst führen, die Form einer Retorte, das rundlich angeschwollene Vorderhirn d. h. primitives Vorderhirn bildet den Bauchtheil derselben. Ungefähr am 17. Tage sendet das Vorderhirn von seiner oberen Wand eine Ausstülpung ab. Diese ist die Anlage der Epiphysis (Taf. X Fig. 33 *E*), welche ganz auf dieselbe Weise wie bei den Selachiern gebildet wird. Zur gleichen Zeit ergeben sich am Boden des Vorderhirns einige Differenzirungen und eine undeutliche Vorragung wird daselbst bemerkbar. Denselben Vorgang finden wir bei den Selachiern, da aber bei diesen die Kopfbeuge um vieles größer ist, so sieht der so gebildete Fortsatz gerade nach hinten. Es ist die Anlage des Infundibulums. Nach den von Balfour abgebildeten Schnitten (Plate XIV Fig. 9a) zu urtheilen, ist der innere Bau des Fortsatzes etwas verschieden von dem der Cyclostomen, indem bei diesen im Inneren des Vorsprungs eine vordere und eine hintere Abtheilung unterscheidbar ist. Diese sind das Tuber cinereum und das Infundibulum. Von außen betrachtet ist der Fortsatz, auch beim erwachsenen Thiere, ganz glatt und zeigt keine Abtheilungen. Lange Zeit waren die von Johannes Müller diesen Theilen gegebenen Namen angenommen, d. h. dieser große Vorsprung an der unteren Seite des Gehirns wurde als Hypophysis + Infundibulum + Tuber cinereum bezeichnet. Eine richtigere Benennung verdanken wir aber den Untersuchungen von W. Müller[1], welche nachweisen, dass die Hypophysis ein ganz verschiedener und selbständiger Körper ist, während der oben genannte Vorsprung nur dem Infundibulum + Tuber cinereum entspricht und zwar bildet die vordere Abtheilung des Vorsprunges das letztere, die hintere das erstere. Diese Unterscheidungen der Theile gelten von vorn herein und mit der ersten Entstehung des Vorsprungs sind die Abtheilungen vorhanden Taf. X Fig. 33. Zur Zeit der ersten Bildung des Infundibulums hat die Kopfbeuge ihr Maximum noch nicht erreicht und demnach wird die Spitze des Vorsprunges erst später weiter nach hinten gerückt, aber beim höchsten Grad der Beuge sieht die Spitze nach unten und etwas schräg nach hinten, während sie bei den Selachiern gerade nach hinten und auch etwas nach oben sieht. Mit anderen Worten: das Vorderhirn wird bei den Cyclostomen um einen rechten Winkel gedreht, aber bei den Selachiern um zwei rechte Winkel; d. h. bei dieser Gruppe ist die Kopfbeuge zwei Mal so groß als bei den Cyclostomen. Durch diese Drehung wird die Spitze des Infundibulums bei den Selachiern mit der Mundbucht in Berührung gebracht, während sie bei den Cyclostomen durch die gemeinsame Einstülpung der Hypophysis und des Riechorganes von der Mundbucht getrennt ist. Diese Thatsache wird sich für die Entwicklung der Hypophysis als wichtig erweisen.

Dicht vor der Anlage der Epiphysis zeigt die Decke des Vorderhirns eine seichte Einsenkung und am Boden wird ein niedriger Vorsprung vor der Höhle des Tuber cinereum gebildet. Der so ab-

[1] Jen. Zeitschr. Bd. VI.

geschnürte Theil des Vorderhirns entspricht dem ganz auf dieselbe
Weise entstandenen Theil des Vorderhirns der Selachier, welcher
später Großhirn und Riechlappen sich entwickeln lässt. Es besteht
aber ein auffallender Unterschied der Größe, denn bei den Cyclostomen ist die Anlage winzig klein Taf. X Fig. 33, 41 u. 12 C Hrn,
während sie bei den Selachiern bedeutend groß ist. Wie bei allen
anderen Vertebraten ist die Anlage zuerst eine unpaarige (Taf. X
Fig 12).

Die Höhlen des Gehirns sind schmal und spaltähnlich, mit einer
Erweiterung nach oben; gegen das Ende des embryonalen Lebens
wird die Decke des vierten Ventrikels sehr verdünnt Taf. IX
Fig. 29 HII, wie es auch bei den übrigen Cranioten der Fall ist.
Weitere Veränderungen finden erst außerhalb des Eies statt.

Der feinere Bau des embryonalen Gehirns ist äußerst einfach.
Zuerst ist die Zusammensetzung des Gehirns dieselbe wie die des
Rückenmarkes und der einzige Unterschied zwischen den beiden
Abtheilungen besteht in dem größeren Volum des Gehirns. Später
aber wird die Hirnwandung bedeutend dicker, besteht aus vielen
Schichten spindelförmiger Zellen und einer inneren epithelartigen
Auskleidung. Ungefähr am 17. Tage beginnt die Bildung der wei-
ßen Substanz, welche eine Schicht um die Zellen bildet und von
körnigem Aussehen ist. In diesem Zustand bleibt das Gehirn bis
zum Anfang des freien Lebens.

Wir finden also, dass innerhalb des Eies die Anlagen aller
Hirntheile erscheinen. Im Ganzen betrachtet ist das Gehirn auffallend klein und durch das Vorwiegen des Hinterhirns ausgezeichnet.
Das Infundibulum wird durch einfache Differenzirung des Bodens
des Vorderhirns gebildet, und die Epiphysis entsteht ganz wie bei
den übrigen Wirbelthieren. Die Kopfbeuge erscheint spät und wird
verhältnismäßig nicht groß. Die kleine Anlage des Großhirns entsteht wie bei allen übrigen Vertebraten als ein unpaariges Gebilde.
Besonders hervorzuheben ist, dass alle Gehirntheile der höheren Wirbelthiere auch bei Petromyzon vorhanden sind, obgleich sehr klein
und einfach. Die frühere Kleinheit der vorderen Hirntheile scheint aber
einigermaßen durch Rückbildung entstanden zu sein, ganz wie wir dies
bei dem Auge später finden werden; eine Rückbildung, welche mit
der der höheren Sinnesorgane auf die Lebensweise der Larve zurück-
zuführen ist.

Die Sinnesorgane.

Die Anlagen aller höheren Sinnesorgane erscheinen während des embryonalen Lebens und entstehen, wie schon oben erwähnt, vor der Theilung des den Körper überziehenden Ektoderms.

Das Sehorgan. Während des embryonalen Lebens erscheint nur die erste Anlage des Auges. Das aus dem Vorderhirn gesonderte Augenbläschen Taf. X Fig. 10 *A B* ist am 16. Tage sehr kurz und schmal mit gleichartigen aus kleinen Zellen bestehenden Wandungen. Am nächsten Tage ist das Bläschen länger geworden, die Wände rücken weiter aus einander und die innere beginnt dicker als die äußere zu werden, d. h. die Wand, welche jetzt der Oberfläche zugekehrt ist und zur Retina wird, verdickt sich. Am 18. Tag ergiebt sich eine eigenthümliche Veränderung, indem nur eine kleine Strecke der inneren Wandung sich ferner verdickt, während die anderen Theile derselben wie die äußere Wand dünner werden Taf. X Fig. 13 *A B*. Eine Mesodermumhüllung des ganzen Bläschens ist in diesem Stadium wahrnehmbar. In diesem Zustand bleibt das Organ bis zur Zeit des Ausschlüpfens. Die Anlage der Linse wird erst später gebildet.

Nach SCHULTZE (loc. cit. pag. 20) entsteht die Anlage des Auges als ein schwarzer Pigmentfleck, dessen Umwandlung ins Auge des Geschlechtsthieres er nicht verfolgen konnte. OWSJANNIKOW loc. cit. macht ähnliche Angaben. »Die Augen entstehen aus Häufchen von Nervenzellen, welche an der Seite des Mittelhirns liegen.« Die erste richtige Beschreibung dieser Vorgänge hat M. MÜLLER[1] gegeben, und meine Beobachtungen stimmen mit den seinigen überein.

Das Gehörorgan. Die erste Anlage tritt am 11. Tage auf Taf. X Fig. 37 und 39 *G H* als eine Verdickung des an der Seite des Hinterhirns liegenden Ektoderms, dessen Zellen hier sehr hoch und cylindrisch sind. Diese Stelle bildet zur gleichen Zeit ein seichtes Grübchen, welches allmählich vertieft und von dem übrigen Ektoderm abgeschnürt wird. Jedes der runden Bläschen liegt zur Seite des Hinterhirns und veranlasst eine ansehnliche Hervorragung der Haut. Weitere Differenzirungen finden erst ziemlich spät im Larvenleben statt. Eine kurze Beschreibung dieser Vorgänge giebt OWSJANNIKOW loc. cit.). Unsere Resultate sind genau dieselben.

---

[1] Über die Stammesentwicklung des Sehorgans der Wirbelthiere. Beitr. zur Anat. u. Phys. als Festgabe für CARL LUDWIG.

Das Geruchsorgan. Dieses ist einer der eigenthümlichsten
Theile des gesammten Organismus der Cyclostomen. Eine ausführliche
Darstellung seiner Entwicklung behalte ich mir für später vor. Hier
sei nur erwähnt, dass die Anlage dieses Organes von Anfang an
einheitlich ist. Ich kann also CALBERLA's Angaben [1] über die paarige
Entstehung desselben durchaus nicht bestätigen.

Die erste Andeutung erscheint als eine seichte Einbuchtung
oberhalb des Mundes, welche wir als gemeinsame Einstülpung für
Nasengrube und Hypophysis betrachten können (Taf. IX Fig. 31 NHE.
Auf Taf. X Fig. 40 sehen wir einen Horizontalschnitt durch den Kopf
eines etwas älteren Embryo. Die Ektodermzellen sind höher geworden und stellen eine einfache Lage Riechepithel dar, welche
keine Spur von Trennung in zwei Theile zeigt RE. Im nächsten
Stadium ist die Einbuchtung durch das rasche Wachsthum des Ober-
lippenfortsatzes tiefer geworden Taf. X Fig. 33. Dieser Sagittalschnitt zeigt die Verhältnisse der verschiedenen Ektodermzellen in
dieser Gegend. Das den Kopf überziehende Ektoderm wird an einer
Stelle plötzlich verdickt um das Riechepithel zu bilden, welches dicht
am vorderen Ende des Gehirns liegt; gegen den Boden der Grube
nehmen die Zellen an Höhe ab, während die die entgegengesetzte
Wand der Grube d. h. den Oberlippenfortsatz überziehenden Zellen
sehr niedrig sind. In diesem Zustand finden wir auch die jüngsten
Larven.

Fünftes Kapitel.

Das Mesoderm.

Wie früher erwähnt entwickelt sich das Mesoderm auf zwei verschiedene Weisen: 1) durch Einstülpung des Blastoderms, 2) durch
Differenzirung einiger der Dotterzellen. Der Verbindungspunkt der
beiden auf verschiedene Art entstandenen Theile ist lange sehr deutlich zu sehen. Das Wachsthum des Mesoderms geht von hinten nach
vorn vor sich und wie bei Triton ist dieses Blatt im hinteren Theil
um die ganze Peripherie des Körpers entwickelt. während die Mesodermzellen im vorderen Theil nur dorsal erscheinen und noch nicht

[1] Amtl. Bericht der 50. Versamml. deutscher Naturf. u. Ärzte. München
1877. pag. 188.

um das Ei herumgewachsen sind. Im Kopf aber ist nur das einge-
stülpte Mesoderm vorhanden. Die nächste Stufe der Differenzirung ist die Spaltung des Mesoderms in zwei Schichten Taf. VIII Fig. 11 M. Das eingestülpte
Mesoderm bildet zuerst einen unregelmäßigen, ungeordneten Zellenhaufen zu beiden Seiten des Rückenmarkes: allmählich ordnen sie
sich in zwei Schichten, welche dicht gedrängt an einander liegen.
Erst später weichen diese etwas von einander und umschließen zu
beiden Seiten des Rückenmarkes eine Cavität. Diese Veränderungen betreffen nur die dorsalen Theile des Mesoderms, die ventralen
bestehen jetzt und für einige Zeit später im Rumpf aus einer einzigen Zellschicht. Die Änderungen des dorsalen Mesoderms sind denen der Selachier und Urodelen sehr ähnlich, die Zellenreihen sind
aber unregelmäßiger und zuweilen sind Anhäufungen zu sehen in
der Gegend wo später die Urwirbel entstehen werden.

Die Spaltung des Mesoderms erscheint zuerst im Kopf und schreitet allmählich nach hinten fort. Die gebildete Höhle ist die Leibeshöhle: also erscheint die Leibeshöhle erst in der Kopfgegend, ganz
wie bei den Selachiern und Urodelen. Zu dieser Zeit ist die Leibeshöhle in zwei Hälften getrennt oder vielmehr, es giebt zwei laterale
Leibeshöhlen, weil die Spaltung nur in den dorsalen Schichten auftritt und die dorsalen Theile des Mesoderms völlig von einander
getrennt sind. Erst viel später vereinigen sich beide Höhlen um
die einfache pleuro-peritoneale Cavität des Cölom zu bilden.

Dieser Vorgang der Spaltung betrifft das ganze dorsale Mesoderm. Die zuerst unregelmäßig zusammenliegenden Zellen ordnen
sich in zwei Reihen. Gegen den Rücken ist die Höhle durch eine
einzige Zellenschicht begrenzt und in der Regel besteht die obere
Schicht aus einer einzigen Zellenlage, während die untere Schicht
nicht so regelmäßig sich darstellt. Diese Unregelmäßigkeit ausgenommen ist die Übereinstimmung mit den von BALFOUR beschriebenen
Selachiern ganz vollständig: die Anhäufung erinnert etwas an den
Zustand bei den Knochenfischen.

Die nächste Stufe ist die Bildung der Urwirbel Taf. VIII
Fig 17 u. 18 Ur und Taf. X Fig. 39 Ur, welche am 12. Tage in
der Halsgegend beginnt. Um den Entstehungsvorgang der kubischen
Massen aus einem kontinuirlichen Blatt sich vorstellen zu können, ist
Annahme zweier zu einander senkrechter Theilungsebenen nothwendig. Bei den Selachiern ist der eine Theilungsprocess fertig bevor
der andere anfängt: die Wirbelplatte ist in Metameren getheilt, diese

hängen aber noch mit den Seitenplatten zusammen und trennen sich erst etwas später von denselben. Bei Petromyzon scheint dieses nicht der Fall zu sein, sondern beide Theilungsprocesse sind gleichzeitig. Jedenfalls ist der zeitliche Unterschied ein sehr geringer. Eine wichtigere Eigenthümlichkeit ist diese: Bei den Amphibien, Selachiern und Amnioten sind auf einer erheblichen Strecke hinter den Gehörkapseln keine Urwirbel gebildet. Wir sprechen hier nicht von den räthselhaften, urwirbelähnlichen, im Kopf des Hühnchens gebildeten Körpern.) Aber bei Petromyzon schreitet die Bildung der Urwirbel weit nach vorn fort und das erste dieser Gebilde liegt dicht hinter der Einbuchtung, welche später zur Gehörkapsel wird (Taf. X Fig. 39). Die Urwirbel sind kubisch gestaltet und enthalten eine von einer einzigen Schicht cylindrischer Zellen umgebene Centralhöhle. Diese ist ein Theil der Leibeshöhle und entsteht ganz wie die entsprechende Höhle der Selachier und Urodelen. Einigermaßen sind dieselben Verhältnisse bei den Sauropsiden zu finden, sie sind aber sehr modificirt und etwas schwierig erkennbar. Während·der Abschnürung der Urwirbel von den Seitenplatten spalten sich diese etwas weiter und so vergrößert sich die Leibeshöhle und rückt nach unten. In den anderen Beziehungen bleiben die Seitenplatten ganz wie vor der Trennung der Wirbelplatte (Taf. VIII Fig. 18).

Zu dem folgenden Stadium (Taf. VIII Fig. 21 *MSR*) verlängern sich einige der Zellen der inneren Schicht (splanchnic layer) der Urwirbel, theilen und vermehren sich, wobei sie eine alternirende Anordnung annehmen, während ihre Ränder körnig und bald quergestreift werden. Im Querschnitt haben diese Zellen eine birnförmige Gestalt: im Längsschnitt (Taf. X Fig. 35 *Myo*) sind sie lang, schlank, etwas spindelförmig. und jede Zelle nimmt die ganze Länge des Segmentes (Urwirbels) ein. Noch ist die Querstreifung nur eine corticale. Wie bei den Selachiern sind die erst gebildeten Muskeln ein sehr schmales durch die Körperlänge sich erstrekendes Band. Ob diese Muskeln gleich eine funktionelle Bedeutung haben und respiratorische Bewegungen des Embryo verursachen, kann ich nicht bestimmt sagen, weil ich keine Gelegenheit hatte lebende Embryonen zu beobachten. Jenes wird aber durch die Untersuchungen von Owsjannikow wahrscheinlich gemacht. Diese Differenzirung schreitet weiter und weiter fort, bis die innere Schicht des Urwirbels mehrere Zellen dick ist, dann verändert sich die äußere Schicht auf eine ähnliche Weise. Nur ein kleiner Theil der inneren Schicht bleibt unverändert. Der obere, muskulös gewordene Theil besteht aus beiden Schichten und enthält die Centralhöhle des Urwirbels. Diese Höhle wird jedoch bald durch die Wachsthumsvorgänge zum Verschwinden gebracht. Diesen oberen modificirten Theil nennen wir Muskelplatte: aus solchen Platten entwickelt sich die ganze willkürliche Muskulatur des Rumpfes und auch zum größten Theil die des Kopfes.

Der Embryo fängt jetzt an, seine cylindrische Gestalt zu verändern, indem die dorsalen Theile des Körpers bedeutend höher werden. Zu gleicher Zeit wachsen die Muskelplatten in die Höhe und füllen den Raum an den beiden Seiten des Rückenmarkes aus, worauf sie sich nach unten zu verbreiten beginnen (Taf. IX Fig. 23 Msh P). Im Längsschnitt finden wir die einzelnen Muskelsegmente, durch breite Lücken von einander getrennt: die Lücken werden aber bald durch das rasche Wachsthum der Myokommata ausgefüllt. Diese wachsen auch rasch nach unten und bald treffen sie einander fast in der ventralen Mittellinie. Es ist kaum nöthig zu sagen, dass die Muskelplatten sich zwischen die Haut und die äußere Schicht der Seitenplatte drängen, welcher Vorgang durch die Umwandlung der Zellen der Haut- und Darmfaserblätter erleichtert wird. In den Seitenplatten des Mesoderms schreitet die Spaltung der Schichten allmählich weiter bis dass sie um die ganze Peripherie des Eies vollendet ist. Im Rumpftheile des Embryo ist die Spalte sehr schmal, weil die große Masse des Nahrungsdotters die beiden Schichten eng zusammenpresst, so dass es schwierig ist, die Verwandlungsstadien derselben genau zu verfolgen.

Im Schwanz sind etwas verschiedene Verhältnisse zu treffen. Bis zu einer ziemlich späten Periode des Lebens innerhalb des Eies giebt es überhaupt keinen Schwanz: dieser entwickelt sich dann als eine ungegliederte Knospe (Taf. X Fig. 31) des hinteren Körperendes und enthält den hinter dem bleibenden After liegenden Theil des Darmkanals. Zu dieser Zeit ist die Bildung der Urwirbel im Rumpf schon vollendet. Darauf ordnet sich das Mesoderm des Schwanzes wie im Rumpf in zwei Schichten, aber eine Höhle ist nicht zwischen ihnen wahrzunehmen. Im nächsten Stadium entwickeln sich die Schwanzurwirbel: in denselben ist eine kleine die Leibeshöhle im Schwanz repräsentirende Centralhöhle zu sehen: diese Höhle bleibt aber nur ganz kurze Zeit sichtbar. Im Übrigen differenziren sich die Urwirbel wie im Rumpfe in Muskelplatten und Wirbelplatten, jene bilden die Schwanzmuskeln, diese die Scheide der Chorda und knorpelige Anlage der Wirbelsäule. Die Seitenplatten hingegen schmelzen zusammen und bilden ein aus sternförmigen Zellen bestehendes lockeres Bindegewebe, welches alle die Höhlen des Schwanzes und der Flossen ausfüllt. Auch hier finden wir eine sehr große Ähnlichkeit mit den Selachiern.

Wir haben schon oben erwähnt, dass während der Verwandlung der primitiven Urwirbelzellen in die Muskelzellen ein kleines Stück der inneren Schicht unverändert bleibt. Dieses Stück ist die innere und untere Ecke des Urwirbels und hat schon früher einen kleinen Fortsatz gegen die Chorda herausgeschickt. Diese Fortsätze drängen sich allmählich zwischen die Chorda und das dorsale Epithel der Urdarmhöhle und zu der Zeit, da die Muskelzellen differenzirt werden, ist eine vollständige Brücke von Mesodermzellen unter der Chorda zu sehen. Allmählich vermehren sich diese Zellen, umgeben die Chorda und entwickeln eine Scheide. Später wächst eine häutige Schicht von demselben Ursprung um das Rückenmark und bildet die häutigen und nachher die knorpeligen Theile der Wirbelbogen.

Im Allgemeinen ist dieser Vorgang fast derselbe wie bei Selachiern, es giebt jedoch einige Unterschiede in den Details. Bei jenen ist der zur Wirbelsäulenbildung bestimmte Theil des Urwirbels ein bedeutend größerer und wächst gleich zwischen die Chorda und die Muskelplatte bevor noch die Muskelzellen sich gesondert haben. Solch ein Unterschied gründet sich auf die Differenz des Umfanges der Wirbelsäule bei Cyclostomen und Selachiern. Die ersten Wirbelanlagen (wenn wir sie so nennen dürfen bei Petromyzon besitzen dieselbe Segmentirung wie die Muskelplatten, später schmelzen sie zusammen, um ein kontinuirliches Rohr zu bilden. Bei fast allen höheren Vertebraten findet eine sekundäre Segmentirung der Wirbelsäule statt: bei den Cyclostomen bleibt das Rückgrat unsegmentirt.

Zuerst liegt das Herz frei in der Leibeshöhle, später wird ein besonderer Sack, der Herzbeutel, durch Einschnürungen der Wände derselben gebildet.

Kurz vor der Spaltung des Mesoderms reicht dieses Keimblatt eben so weit nach vorn wie das blinde Ende des Darmkanals. Die im Kopf auftretende Spaltung des Mesoderms lässt zwei getrennte Höhlen entstehen, welche später mit den inzwischen gebildeten Leibeshöhlen kommuniciren. Diese Höhlen im Kopf sind zuerst von Balfour für die Selachier beschrieben worden unter dem Namen Kopfhöhlen Head-cavities, welchen Namen wir beibehalten können.

Die erste durch eine Ausbuchtung des Entoderms gegen das Ektoderm entstandene Kiemenspalte trennt das Kopfmesoderm in zwei Theile, ein Theil vor, der andere hinter der Spalte Taf. X Fig. 38 2 *Pp*. *3 Pp*. Durch die anderen Kiemenspalten wird der hintere Theil successive in sieben Segmente zerlegt. Der vordere Theil spaltet sich wieder in zwei Segmente, von denen das vordere vor der jetzt beginnenden Mundbucht, dicht an dem Augenbläschen liegt (Taf. IX Fig 32 *1 Pp, 2Pp*): das hintere liegt aber ganz im Kieferbogen und darüber breitet sich der Trigeminus aus. Der erste Aortenbogen läuft dicht innerhalb und oberhalb dieses Segmentes (Taf. X Fig. 38 *Aor*), ein Verhältnis, welches auch bei den Selachiern zu finden ist, während bei Triton der Bogen oberhalb, aber mehr nach außen seinen Weg nimmt.

Eine Komplikation im Verhalten dieser Segmente wird dadurch verursacht, dass die Urwirbel sich dicht an den Kopf gedrängt haben. Bei anderen Fischen und bei den Amphibien gehört der Kiemenapparat während der früheren Stadien des embryonalen Lebens deutlich dem Kopf an. Bei den Cyclostomen aber ist die Entwicklung verkürzt, und die Rumpfsegmente beim Embryo bieten dieselben Verhältnisse zum Kopf wie beim Erwachsenen. Diesem Umstande zufolge ist das eigentliche Kopfmesoderm im hinteren Theil des Kiemenkorbes stark ventral gerückt und dabei reducirt, so dass es in den beiden letzten Kopfsegmenten kaum wahrnehmbar ist.

Der histologische Bau dieser Segmente ist am besten an den beiden ersten zu sehen. Die Höhle ist im Längsschnitt dreieckig mit nach oben gerichteter Spitze. Die Zellen sind zumeist quadratische Epithelzellen und umgeben die Höhlen in drei koncentrischen Lagen. Die der inneren Lage sind am längsten und haben eine keilförmige Gestalt. Diese Kopfsegmente verlieren bald ihre Höhlen, während ihre Wandungen zu Kopf- und Kiemenmuskeln werden.

Bei der Bildung der Keimblätter habe ich das Verhalten des Rumpfmesoderms angeführt, welches BALFOUR zur Annahme veranlasst hatte, dass die beiden von einander unabhängigen Mesodermmassen den Divertikeln der Urdarmhöhle bei Amphioxus entsprechen. Die Gründe waren: 1 die paarige Entstehung des Mesoderms; 2 die paarige Entstehung der Leibeshöhle; 3 die Ausdehnung der Höhlen bis zur Spitze der Mesodermplatten; 4 die Abschnürung eines Theils dieser Höhle in jedem Urwirbel. Diese Verhältnisse gelten besonders für die Selachier, sie wiederholen sich eben so klar bei Triton, nur mit solchen Veränderungen, wie sie in einem holoblastischen Ei zu erwarten sind. Bei Petromyzon sind diese Verhältnisse durch die Unregelmäßigkeit der Zellenanhäufungen etwas verdeckt, sie sind aber doch nicht verkennbar, während sie bei den Knochenfischen nicht mehr zu erkennen sind. Auf den ersten Blick könnte es merkwürdig erscheinen, dass Petromyzon weiter veränderte Verhältnisse als die Urodelen darbietet. Wir halten uns aber zur Annahme berechtigt, dass die Eier der Petromyzonten und Knochenfische eine Volumsverminderung erlitten, woraus nach dem Maße der stattgefundenen Verminderung sich Differenzen in der Entwicklung ergeben.

Das Mesoderm wird in zwei Schichten gespalten, die äußere bildet 1) einen erheblichen Theil der willkürlichen Muskulatur, 2) das Derma, 3) einen großen Theil des intermuskularen Bindegewebes, 4) einen Theil der Peritonealmembran. Die innere Schicht entwickelt 1) den größten Theil der willkürlichen Muskulatur, 2) das axiale Skelet, 3) die Muskulatur und das Bindegewebe des Darmes und des Herzens, 4) einen großen Theil der Peritonealmembran. Man ersieht hieraus wie groß die Übereinstimmung mit den von BALFOUR (p. 11?) für das Mesoderm der Selachier gefundenen Verhältnisse ist.

Das uropoetische System.

Dieses Organsystem schließe ich an das Mesoderm, da es sich aus diesem entwickelt.

Die ersten Beobachtungen bei Petromyzon sind die von MAX SCHULTZE (op. cit. pag. 30). Er beschreibt die Bildung einer Drüse aus dem unter der Chorda und über dem Herzen angehäuften »Blastem«: die Drüse zeigt 3 oder 4 kurze Fortsätze, welche eine über die Oberfläche laufende mit Wimpern besetzte Rinne besitzen. Über die Bedeutung dieser Anlage hat er nichts Entschiedenes gesagt, vermuthet aber, dass sie zu den Urnieren oder Nieren gehören könnte. W. MÜLLER[1] hat die Homologien und Entwicklungsvorgänge dieser Organe festgestellt. Nach seinen Angaben ist die von SCHULTZE gesehene Drüsenanlage die »Vorniere« und die flimmernden Rinnen sind die bewimperten Trichter, welche in die Leibeshöhle einmünden. W. MÜLLER's Beschreibung der Entwicklung dieses Organes kann ich im Wesentlichen bestätigen: da es mir aber gelungen ist, einige noch frühere Stadien aufzufinden, so vermag ich jene Angaben etwas zu vermehren.

---

[1] Jen. Zeitschr. Bd. IX pag. 118 et seq.

Die erste Anlage jenes Organsystems traf ich bei einem Embryo vom 14. Tage (Taf. VIII Fig. 21 *KNG*). In diesem Stadium ist das Mesoderm schon in Urwirbel und Seitenplatten getheilt, welch' letztere sich in zwei die Leibeshöhle umschließende Lagen gespalten haben. Die Urwirbelzellen haben schon die Differenzirung in Muskelzellen bgonnen, während die Zellen der Seitenplatten noch einfach cylindrisch oder etwas unregelmäßig sind. Einige der Zellen der oberen Schicht haben sich getheilt und sind gewuchert, so dass endlich eine Masse Zellen, welche kleiner als die übrigen und von diesen ziemlich scharf abgegrenzt', vorhanden ist. Im Querschnitt ist die Anhäufung keilförmig und hat die Spitze nach unten gerichtet, während der breite Oberrand dicht an der Haut liegt und eine niedrige Hervorragung derselben verursacht. Die Zellen sind alle unregelmäßig: die Anlage ist noch ohne Spur eines Lumens. Am nächsten Tage hat eine sehr wichtige Veränderung stattgefunden (Taf. IX Fig. 22 *KNG*). Die Zellen bieten eine radiale Anordnung, und bilden, von den übrigen Mesodermzellen abgeschnürt, einen soliden Strang. Die erste Andeutung des Lumens ist im Centrum des Stranges als ein kleiner Punkt zu sehen.

Aus dieser Bildungsweise geht hervor, dass der Strang außerhalb der Leibeshöhle, zwischen dem oberen Blatt des Mesoderms und der Haut liegt: er liegt noch dicht an dem Mesoderm, dessen oberes Blatt er enge an das untere drängt. In diesem Stadium ist der Embryo nicht viel über das Niveau des Eies emporgehoben, sondern noch flach ausgebreitet. Am nächsten Tage aber ist eine plötzliche Veränderung in dieser Beziehung vor sich gegangen, indem der Rücken des Embryo hoch über den Dottersack vorragt, wobei er schmaler geworden ist und alle seine Organe zusammengezogen hat. Die Differenzirung der Muskelzellen ist längs der ganzen Muskelplatte erfolgt und die Höhle des Urwirbels ist gänzlich verdrängt (Taf. IX Fig. 23). Die Platte hat an Höhe zugenommen und ist nach unten über den »Vornierengang« gewachsen und zur gleichen Zeit näher an die Platte der entgegengesetzten Seite gerückt. Durch das Auseinanderweichen der Zellen des Stranges ist ein deutliches Lumen aufgetreten. Die Wandung des Ganges wird durch eine einfache Schicht regelmäßiger radial angeordneter Zellen gebildet. Der kreisrunde Querschnitt des soliden Stranges ist jetzt nach der Erscheinung des Lumens elliptisch geworden, augenscheinlich durch den von den Muskelplatten ausgeübten Druck. Die Längsachse dieser Ellipse läuft schräg von außen und unten nach innen und oben.

5

Nach Müller hat dieser Gang schon eine Kommunikation mit der Leibeshöhle in der Nähe des Herzens. Obwohl ich die Richtigkeit dieser Angabe nicht bezweifle, habe ich doch in diesem Stadium die Kommunikation nicht auffinden können. Am nächsten Tage ist diese Öffnung leicht zu sehen, weil sie einen wimpernden Trichter gebildet hat. Anfänglich besteht ein einziges Paar dieser Trichter. Die beiden Gänge zeigen (Taf. X Fig. 33 KN) eine Anzahl symmetrisch vertheilter Erweiterungen, welche später in die Leibeshöhle einmünden und zu wimpernden Trichtern werden. (Taf. IX Fig. 25 KN zeigt das nächste Stadium, ebenfalls im Längsschnitt.) Die Trichter entstehen also aus den Gängen, und nicht durch Einstülpungen der peritonealen Schicht, wie die Tubuli der Urnieren. Gleichzeitig mit der Bildung der Trichter ist ein Paar Glomeruli zu sehen. Taf. IX Fig. 24 Gl zeigt das erste von mir gesehene Stadium, wo sie schon ziemlich weit entwickelt sind und welches dem von Max Fürbringer (Morph. Jahrb. Bd. IV) in seiner Taf. I Fig. 4 abgebildeten Stadium entspricht. Der Glomerulus ist offenbar von Peritonealepithel überzogen und zwar von rundlichen Zellen, welche dicht gedrängt an einander liegen. Ob der Glomerulus eine ähnliche Bildungsweise wie beim Salamander besitzt (Fürbringer's Figuren 2 und 3, kann ich nicht bestimmt sagen. Ein bedeutender Unterschied liegt in der größeren Komplikation der Kopfniere[1] bei den Amphibien im Vergleich mit Petromyzon. Ein anderer Unterschied gründet sich auf die schmalere Leibeshöhle bei Petromyzon, indem in Folge dessen die Glomeruli nicht horizontal liegen, sondern eine schiefe Lagerung einnehmen müssen. In den späteren Stadien werden die die Glomeruli überziehenden Zellen abgeplattet und spindelförmig, gerade wie bei den Amphibien (s. Fürbringer Taf. I Fig. 5). Die mit den Wimpertrichtern beginnenden Tubuli haben sich inzwischen vermehrt und verlängert, so dass die ganze Drüse an Ausdehnung gewonnen hat und den oberen Theil der Leibeshöhle erfüllt. Diesem Wachsthum zufolge sind die Glomeruli nach unten gedrängt und liegen unterhalb und zu beiden Seiten des Darmkanals ohne jedoch ihre Verbindung mit dem Mesenterium und den Blutgefäßen zu verlieren. Dieses ist der erste von W. Müller beobachtete Zustand der Gefäßknäuel. Er persistirt eine ziemlich lange Zeit. Die einzige wei-

---

[1] Ich gebrauche dieses Wort als Müller's Vorniere entsprechend. »Vorniere« ist zu verwerfen, da diese Bezeichnung auch für die Urniere gebraucht worden ist. Kopfniere veranlasst keine Verwirrung und entspricht dem englischen Ausdruck »Head-kidney«.

tere Differenzirung innerhalb des embryonalen Lebens ist die Bildung
einer Anzahl Trichter (2—3) und das Längenwachsthum der Tubuli.
Alle diese Theile besitzen ein deutliches Lumen; ihre Wandung
beteht aus niedrigen kleinen Epithelzellen und (nach MÜLLER) einer
dünnen Bindegewebsschicht. Die durch dünneres Epithel und wei-
teres Lumen ausgezeichneten Gänge lassen sich schon bei ihrer
ersten Bildung weit nach hinten verfolgen. Vor dem Ende der embryonalen Periode bekommen sie eine Einmündung in den Enddarm
(Taf. IX Fig. 27 *KNG*), so dass der Exkretionsapparat
funktionsfähig ist, lange bevor das Lumen des Mitteldarms auftritt. Damit steht die frühzeitige Entleerung des End-
darms in Verbindung. Nach FÜRBRINGER loc. cit. pag. 12) giebt
es eine solche Mündung nach außen erst bei 5 mm langen Ammocoetes, was aber entschieden unrichtig ist.

Hier möchte ich an den Befund beim Geschlechtsthiere erinnern,
bei dem die Urnierengänge in einen vom Darm völlig getrennten
Urinogenitalsinus einmünden. Durch die Poren in den Seiten dieses
Sinus (Holzschnitt) können die Geschlechtsprodukte von der Leibeshöhle in den Sinus und von diesem durch die Öffnung (*b*) nach
außen gelangen. Aus dem Angeführten ergiebt sich manches durch,
die Vergleichung mit den Vorgängen bei anderen Wirbelthieren Be-
deutungsvolle.

Die erste zu betonende Thatsache ist die solide Anlage des
Ganges in der erst später ein
Lumen sich entwickelt. Dieses
erinnert an die Selachier [1], bei
denen die Anlage gleichfalls solid
ist und erst nachher ein Lumen
entwickelt; die Details in den
beiden Fällen sind aber verschieden. Bei den Selachiern
giebt es eine Verschmelzung der
beiden Schichten des Mesoderms
im Niveau der Aorta, woraus eine
»intermediäre Zellmasse« entsteht;
von dieser Masse wird die Anlage des Ganges entwickelt. Der

Vertikaler Längsschnitt durch den hinteren
Körpertheil eines Neunauges, nach EWART
(Journal of Anat. and Phys. Vol. X pag.(190).
A After. *S* Urogenitalsinus. *B* Öffnung des Uri-
nogenitalsinus. *M. G.* Mündung des rechten
Urnierenganges. *P* Der rechte Porus abdo-
minalis. *G* Linker Urnierengang. *U* Linke
Urniere. *M* Mesenterialstrang. *D* Enddarm.

Gang entsteht aber auch in diesem Fall zum größten Theil, wenn

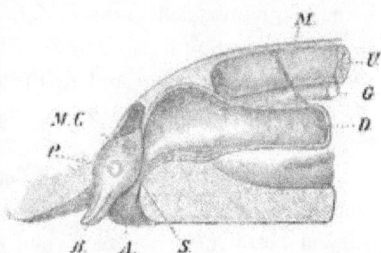

---

[1] Noch mehr an die Störe. S. SALENSKY loc. cit. Taf. VI Fig. 41—47.

5*

nicht ganz, aus den Zellen der oberen Schicht des Mesoderms. Es kann keine Frage sein, dass die ursprüngliche Bildungsweise des Ganges eine Ausstülpung der Leibeshöhle in dem oberen Blatt des Mesoderms ist, wie wir es bei den Amphibien finden, und dass diese Solidität, welche viele Abtheilungen zeigen, erst später erworben ist. Wichtiger noch ist die Thatsache, dass der Gang nicht durch ein Wachsthum von vorn nach hinten, sondern als eine Differenzirung von schon vorhandenem Gewebe in seiner ganzen Länge entsteht. Durch die Länge des oberen ungegliederten Blattes des Mesoderms werden die Zellen in einer Linie verändert und nachher werden diese Zellen zum Gange. Hierin ist der Vorgang von dem von BALFOUR beschriebenen für die Selachier) sehr abweichend. Nach ihm ist es ein wirkliches Wachsthum von vorn nach hinten; diese Ansicht wiederholt er auch in der Abhandlung [1], in welcher er seine frühere Ansicht über die Homologie der Segmentalorgane der Anneliden mit den Urnieren der Vertebraten zurückzieht und sagt, dass es eine scharfe Grenze gäbe zwischen der hinteren Spitze des wachsenden Ganges und dem nachfolgenden mesodermalen Gewebe. Bei den Amphibien dagegen entwickelt sich der Gang durch eine kontinuirliche Ausbuchtung der oberen Mesodermschicht in seiner ganzen Länge; es giebt keine Andeutung eines Wachsthums von vorn nach hinten zu. In dieser Beziehung ist die Übereinstimmung zwischen Amphibien und Petromyzon sehr auffallend. Bei den bis jetzt untersuchten Selachiern entwickelt sich die Kopfniere nicht, aber BALFOUR betrachtet den ersten Trichter des Ganges als das Äquivalent einer rudimentären Kopfniere. Die Amphibien dagegen besitzen eine große Kopfniere, und in dieser Beziehung stimmt diese Gruppe genauer mit den Cyclostomen überein als die Selachier mit einer von beiden.

Dieses Organsystem ist bei den bis jetzt untersuchten Selachiern sehr hoch differenzirt, weitaus höher als bei Abtheilungen, welche, im Ganzen betrachtet, höhere Typen sind. Die Entwicklung der niedersten Selachier ist noch nicht untersucht worden und diese, z. B. Laemargus borealis [2], können möglicherweise das primitivere Verhalten wiederholen und den Übergang einerseits gegen die höheren Selachier, andererseits in die Richtung der Amphibien vermitteln.

[1] BALFOUR and SEDGWICK, On the Existence of a Head-kidney in the Embryo Chick. Quarterly Journ. Microse. Se. Jan. 1879 (Anmerk. zu pag. 13 des Separatabdruckes).

[2] TURNER, Journ. of Anat. a. Phys. Vol. VIII pag. 289.

Die Übereinstimmung der Cyclostomen und Amphibien in Bezug
auf die Kopfniere ist so aufzufassen, dass beide die primitiveren
Verhältnisse behalten haben, während die höheren Selachier eine
neue Bahn der Differenzirung einschlagen. Es ist wichtig für die richtige Beurtheilung der morphologischen
Bedeutung dieser Organe zu betonen, dass die Trichter der Kopf-
niere metamer sind. Das allererste Stadium des Organes nach dem
Erscheinen des Lumens zeigt zwei einfache Gänge, welche nach vorn
durch trichterförmige, wimpernde Öffnungen in die Leibeshöhle einmünden; später bilden sich die Kopfnieren durch metamere Aus-
buchtungen der Gänge. Dieses erste Stadium entspricht wahrscheinlich einem von Ahnen außerhalb des Wirbelthierstammes ererbten
Zustande, wie ein solcher dem von Bütschli[1] angeführten Be-
funde der Excretionsorgane bei den Plattwürmern entspricht. In dem
zweiten Stadium, dem der eigentlichen Kopfnieren, ist die erste Entwicklung des Excretionsapparates der eigentlichen, obgleich sehr
primitiven Vertebraten zu sehen. Die ältesten Öffnungen stehen am
weitesten nach vorn, eine Thatsache, die ganz gut mit der Ansicht
harmonirt, dass der Kopf der älteste Theil des Organismus ist; sie
spricht aber gegen die Ansicht, dass die Kopfnieren eben so alt wie
die Gänge selbst sind. Für eine Zeit lang bilden die Kopfnieren
die einzigen Excretionsorgane, welche die Larven besitzen. Die
Zahl der Trichteröffnungen zu der Zeit des Ausschlüpfens der Larve
aus dem Ei ist nicht gerade konstant. zu keiner Zeit habe ich mehr
als fünf Trichter gesehen, in der Regel giebt es drei bis vier.

Heidelberg, im August 1880.

Erklärung der Abbildungen.

Tafel VII.

KB Das von mir als Keimbläschen betrachtete Gebilde. *N* Nucleolus. *Ep* Follikelepithel. *FH* Furchungshöhle. *RK* Das problematische richtungskörperähnliche Gebilde. *EHt* Eihaut. *AD* Äußere
Dotterschicht. *ID* Innere Dotterschicht.

Fig. 1. Querschnitt durch den Eierstock eines 1½ Monat vor der Laichzeit
getödteten Weibchens.

[1] Zoolog. Anzeiger 1879. pag. 588, 589.

Fig. 2 u. 3. Unreife Eier aus demselben um die Größen-Verhältnisse zwischen Keimbläschen und Ei zu zeigen.

Fig. 4. Das Bläschen von Fig. 3 vergrößert.

Fig. 5. Ein Ei aus dem Ovarium in Fig. 1, welches einen der Kerntheilung ähnlichen Vorgang zeigt.

Fig. 6. Furchungsstadium mit 4 Kugeln, von oben gesehen.

Fig. 7. Schnitt durch ein Ei mit 8 Furchungskugeln.

Fig. 1 mit Zeiss A. (ohne untere Linse) Oc. 2, Fig. 2, 3 und 5 mit A. Oc. 2, Fig. 4 mit D. Oc. 2, Fig. 7 mit B. Oc. 4 und Fig. 6 mit Lupe gezeichnet.

Tafel VIII.

FH Furchungshöhle. *M* Eingestülptes Mesoderm *DM* Dottermesoderm. *En* Eingestülptes Entoderm. *En'* Dotterentoderm. *Bp* Blastoporus. *UD* Urdarmhöhle. *MR* Medullarrohr. *Ch* Chorda dorsalis. *Ur* Urwirbel. *OSM* Obere Mesodermschicht. *USM* Untere Mesodermschicht. *SP* Seitenplatten des Mesoderms. *SchM* Subchordales Mesoderm. *L* Leibeshöhle. *KE* Kopfeinschnürung. *KNG* Kopfnierengang.

Fig. 8. Ei am Ende der Furchung (Morula-Stadium) mit mehrschichtiger Decke der Furchungshöhle.

Fig. 9a und 9b. Zwei Sagittalschnitte durch Eier in zwei auf einander folgenden Einstülpungsstadien. Sie sind seitlich von der Mittellinie genommen, so dass das eingestülpte Mesoderm getroffen ist.

Fig. 9c. Von demselben Embryo wie 9b, aber mehr seitlich genommen. Der Schnitt zeigt die angedeutete ventrale Einstülpung.

Fig. 10a. Sagittalschnitt durch die fertige Gastrula, etwas seitlich von der Mittellinie, die Mittellinie ist aber vom Vorderende getroffen, wo das Entoderm das Ektoderm unmittelbar berührt.

Fig. 10b. Sagittalschnitt durch die Mittellinie desselben Embryo; etwas chematisirt.

Fig. 11a. Querschnitt durch den Blastoporus einer Gastrula; er zeigt die beginnende Differenzirung des Dottermesoderms.

Fig. 11b. Querschnitt durch den mittleren Theil eines etwas älteren Embryo, mit erstem Anfang des Medullarrohres, und einer Andeutung der Bildung des Dottermesoderms.

Fig. 12. Querschnitt durch denselben Theil eines sehr wenig älteren Embryo, mit Weiterbildung des Medullarrohres (S. Tages).

Fig. 13. Querschnitt durch den vorderen Theil eines Embryo des 8. Tages, einige Stunden älter als Fig. 12.

Fig. 14. Querschnitt durch die vordere Gegend eines Embryo des 9. Tages. Anfang der Chordabildung.

Fig. 15. Mittlerer Querschnitt durch einen Embryo vom 10. Tage. Spaltung des Mesoderms.

Fig. 16. Vorderer Querschnitt durch einen Embryo vom 11. Tage.

Fig. 17. Ähnlicher Schnitt von demselben Tage, aber etwas später. Bildung der Urwirbel.

Fig. 18. Hinterer Querschitt vom 12. Tage.

Fig. 19. Ähnlicher Schnitt vom 13. Tage; zeigt die erste Bildung von Muskelzellen.

Fig. 20. Querschnitt durch ein Ei vom 13. Tage. Der gebogene Embryo wird zwei Mal getroffen. Der Schnitt zeigt den Unterschied im Bau zwischen den vorderen und hinteren Theilen des Rückenmarkes.

Fig. 21. Hinterer Querschnitt durch einen Embryo des 14. Tages. Erste Erscheinung der Anlage der Kopfnierengänge.

Fig. 12, 13, 15, 16, 17, 18, 19 und 21 mit A. Oc. 4, die anderen mit A. Oc. 2 gezeichnet.

Tafel IX.

MR Medullarrohr. Ch Chorda dorsalis. Msk Muskelzellen. MskP Muskelplatten. Ur Urwirbel. SP Seitenplatten des Mesoderms. SchM Subchordales Mesoderm. DFB. Darmfaserblatt. KNG Kopfnierengang. KN Kopfniere. Tr Trichter der Kopfniere. Gl Glomerulus. VD Vorderdarm. ED Enddarm. G Gehirn. HH Hinterhirn. RM Rückenmark. Schl Schlund. PAD Postanaler Darm. Th Thyreoidea. L Leber. MB Mundbucht. NHE Gemeinsame Einbuchtung für Nasengrube und Hypophysis. OL Oberlippenfortsatz. UL Unterlippenfortsatz. GH Gehörbläschen. KS Kiemenspalten. Kp Kopfhöhlen. Aor Aortenbogen.

Fig. 22. Querschnitt durch den hinteren Theil eines Embryo des 15. Tages. Solide Kopfnierengänge.

Fig. 23. Querschnitt durch den vorderen Theil eines Embryo des 16. Tages.

Fig. 24. Querschnitt durch den vorderen Theil eines Embryo des 17. Tages.

Fig. 25. Längsschnitt (sagittal) eines Embryo des 18. Tages.

Fig. 26. Querschnitt durch den hinteren Theil eines reifen Embryo.

Fig. 27. Hinterer Querschnitt von einem reifen Embryo, weiter nach hinten.

Fig. 28. Querschnitt durch den Schwanz eines reifen Embryo.

Fig. 29. Querschnitt durch den Kopf eines Embryo des 18. Tages.

Fig. 30. Querschnitt durch den Rumpf desselben Embryo.

Fig. 31 u. 32. Zwei Längsschnitte (sagittal) durch den Kopf eines Embryo des 17. Tages.

Sämmtliche Figuren mit A. Oc. 4 gezeichnet.

Tafel X.

VH Vorderhirn. MH Mittelhirn. HH Hinterhirn. GHrn Großhirn. RM Rückenmark. AB Augenbläschen. E Epiphysis. I Infundibulum. RE Riechepithel. GH Gehörbläschen. Kp Kopfhöhlen. Aor Aortenbogen. KN Kopfniere. KNG Kopfnierengang. Ur Urwirbel. Myo Rumpfsegmente. Schl Schlund. MB Mundbucht. KS Kiemenspalten. Th Thyreoidea. ED Enddarm. A After. CNE Canalis neuro-entericus. Ch Chorda.

Fig. 33. Längsschnitt (sagittal) durch den Kopf eines Embryo des 17. Tages.

Fig. 34. Sagittaler Längsschnitt durch den Schwanz eines reifen Embryo.

Fig. 35. Sagittallängsschnitt durch den Kopf (18. Tages).

Fig. 36. Querschnitt durch den Schlund (13. Tages).

Fig. 37. Querschnitt durch den Schlund (15. Tages).

Fig. 38. Querschnitt durch den Schlund (17. Tages).

Fig. 39. Horizontalschnitt durch den Rumpf eines Embryo des 14. Tages.

Fig. 40. Horizontalschnitt durch den Kopf eines Embryo des 16. Tages.

Fig. 41 u. 42. Zwei Horizontalschnitte durch das Hirn (18. Tages).

Fig. 43. Horizontalschnitt durch das Hirn (18. Tages).

Figuren 33—36 A. Oc. 2. Figuren 37—43 A. Oc. 4.

Tafel XI.

Schemata.

Ht Haut. *FH* Furchungshöhle. *Bl* Blastoporus. *Ec* Ektoderm. *En* Eingestülptes Entoderm. *DEn* Dotter-Entoderm. *M* Eingestülptes Mesoderm. *DM* Dotter-Mesoderm. *UD* Urdarmhöhle. *As* Ausstülpungen des Darmes, welche das Mesoderm entwickeln. Andere Buchstaben wie in den vorigen Tafeln.

Fig. 44. Längsschnitt durch einen reifen Embryo, schematisirt.

In den folgenden Reihen ist die erste Figur jeder Reihe ein Längsschnitt durch das Blastoderm am Anfang der Einstülpung, die beiden anderen sind Querschnitte durch das Ei, um die Bildung des Mesoderms zu zeigen. Reihe *A* ist Amphioxus nach KOWALEVSKY schematisch entworfen, Reihe *B* eine hypothetische Zwischenform zwischen Amphioxus und Petromyzon, Reihe *C* ist Petromyzon.

In Reihe *B* ist Fig. 1 (48) von BALFOUR mit Modifikationen genommen.

In Reihe *A* ist das Mesoderm als zwei hohle Ausstülpungen des Darmkanals gebildet, in Reihe *B* als solide Wucherungen desselben, und in *C* entsteht das Blatt mit der Einstülpung. Fig. II und III in *B* sind früher in *B* als in *A* und früher in *C* als in *B*, wie durch die Bildung der Chorda und des Rückenmarkes deutlich gemacht wird.

Fig. 1

Fig. 2

KB

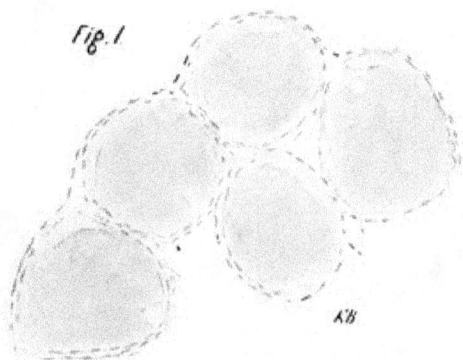

KB

Fig. 3.
KB

KB

Fig. 4.

EHc.

ID

TD

Fig. 5.

Fig. 7.

Fig. 6.

BK

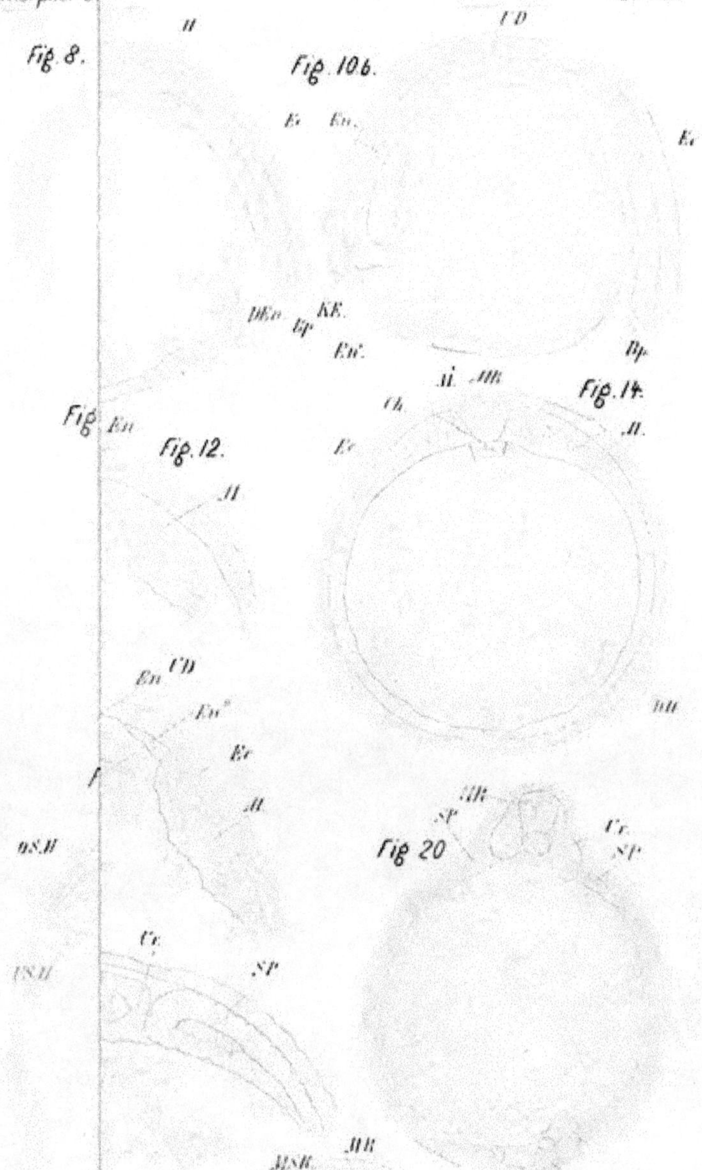
Fig. 8.
Fig. 10b.
Fig. 12.
Fig. 14.
Fig 20
Fig 21.
CD
Ec
En
DEn
KE
Ep
Ch
BH
Cr.
SP
MSR.
KNG
LH

Fig. 24

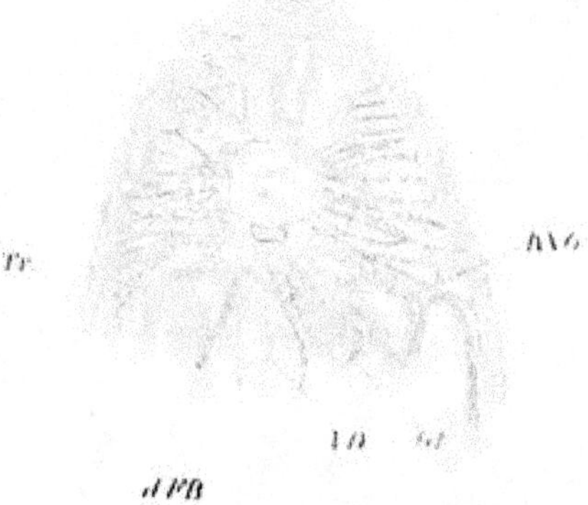

Tr.   ANG

LO   St.

APB

Ch.   Fig. 31.

G.

Mu.   APP   APE

Ch.   Gl.

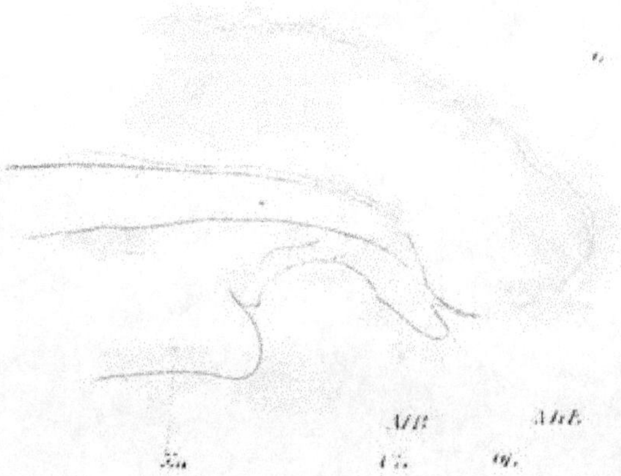

Fig. 32

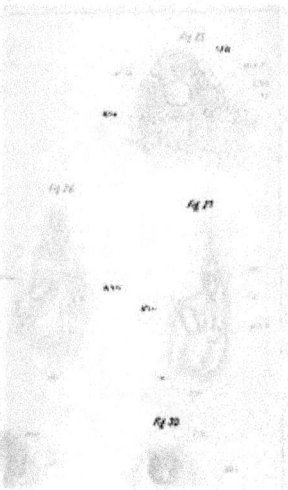

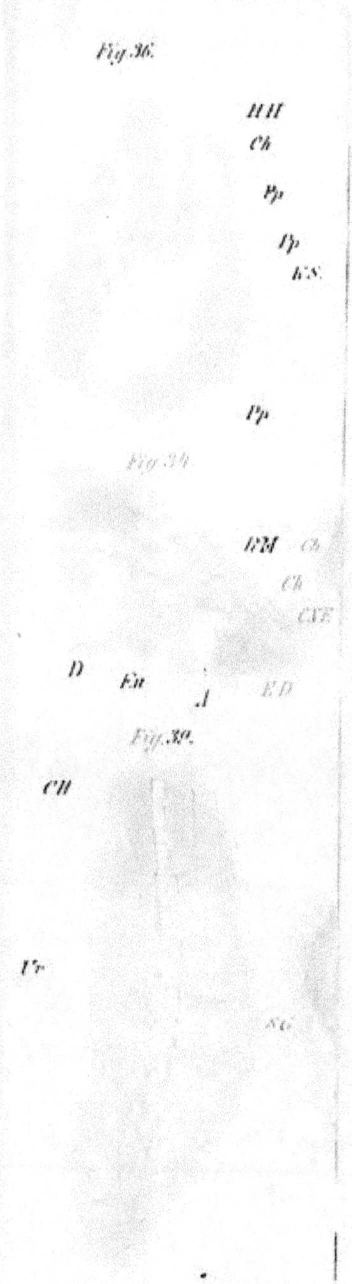

Fig. 36.

HH
Ch

Pp

Pp
KS.

Pp

Fig. 34.

RM   Ch
Ch
CXE

D   En
A   ED

Fig. 39.

CH

Vr

SG

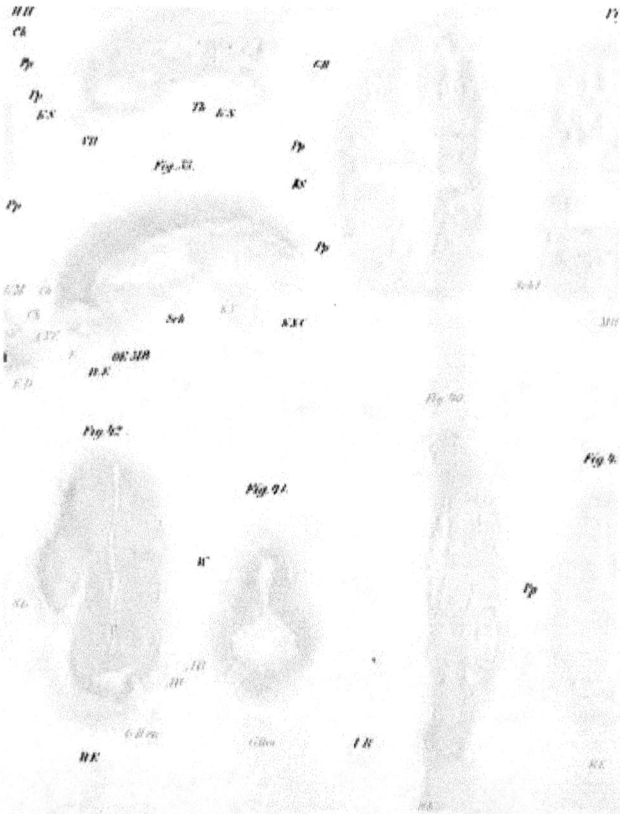

HII
Ch

Pp

Pp
K.N   Th K.N
VII   Pp

Fig. XI.   KN

Pp

Pp

V.M Ch   Sch.I
Ch
K.V.   MH
       V Oc. MH
H.K
E.D

Fig. 93.

Fig. 92.   Fig. 91.   Fig. 9.

N   Pp

St.

III
IV
H.K   G.H III   Gllen   I.R   K.K
HV

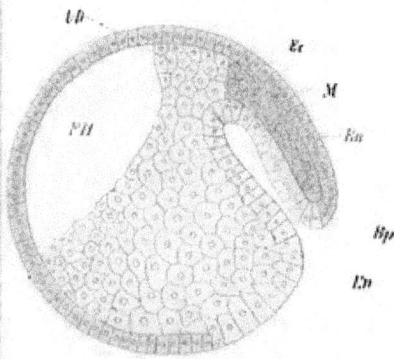

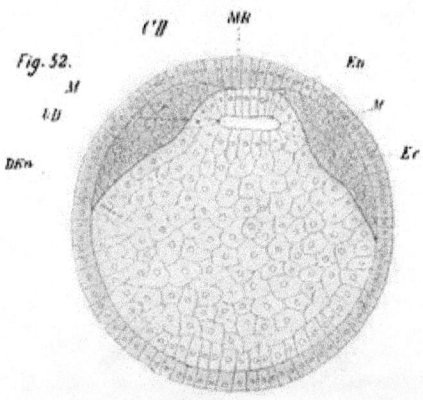

Fig. 52.

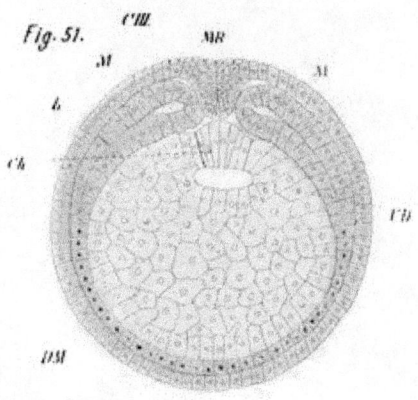

Fig. 51.

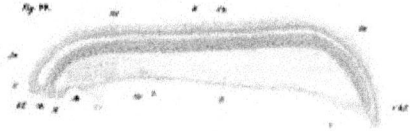

Fig.44.

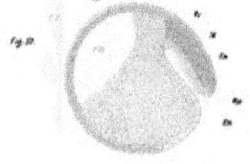

Fig.37.

Fig.42.

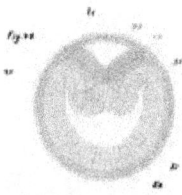

Fig.45.

Fig.47.

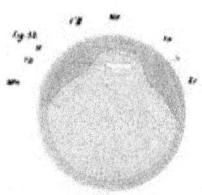

Fig.48.

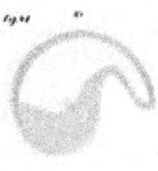

Fig.43.

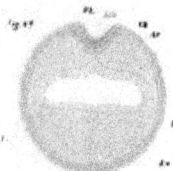

Fig.46.

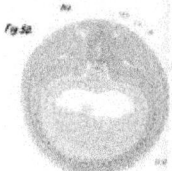

Fig.50.

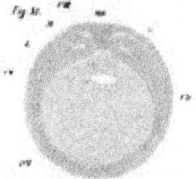

Fig.49.